建筑节能领域知识体系建构

王萌萌　刘晓君　曹文娜　吴智勇　著

中国建筑工业出版社

图书在版编目（CIP）数据

建筑节能领域知识体系建构 / 王萌萌等著．—北京：
中国建筑工业出版社，2022.4
ISBN 978-7-112-26960-0

Ⅰ．①建…　Ⅱ．①王…　Ⅲ．①建筑—节能—研究
Ⅳ．①TU111.4

中国版本图书馆 CIP 数据核字（2021）第 280631 号

责任编辑：周方圆
责任校对：赵　菲

建筑节能领域知识体系建构
王萌萌　刘晓君　曹文娜　吴智勇　著
*
中国建筑工业出版社出版、发行（北京海淀三里河路 9 号）
各地新华书店、建筑书店经销
逸品书装设计制版
北京中科印刷有限公司印刷
*
开本：787 毫米×1092 毫米　1/16　印张：13　字数：240 千字
2022 年 6 月第一版　2022 年 6 月第一次印刷
定价：**58.00** 元
ISBN 978-7-112-26960-0
（38766）

前言

随着互联网信息技术的发展，学科领域的研究已处于数据密集型发现的“第四范式”。建筑节能领域亦如此，为了降低建筑用能和由此引发的环境危机，学者在此领域的研究中积累了丰富的知识成果。文献是知识的载体，而随着领域文献的飞速增长，领域知识信息变得更加专业化、细分化和复杂化，学者依靠自身认知去掌握整个领域的知识体系就变得越来越困难。目前建筑节能领域的知识体系是以教材体系等传统形式呈现，是对建筑各功能系统基本节能知识与技术原理的系统总结，然而在领域的快速发展下，已有体系呈现的知识虽然成熟但前沿热点知识的更新速度较慢、热点知识之间的内涵关系不明晰。因此，如何提取领域前沿热点知识来动态构建建筑节能领域的知识体系是本文研究的关键问题。面对这一问题，目前还少有学者从文献数据挖掘这一新的视角来定量化地探究领域的知识发展。基于此，本书采用科学计量方法来建构建筑节能领域的知识体系。

本书依据当前学科知识网络的理论框架，辅之以科学计量学方法对知识网络的定量化挖掘，最终从建筑节能领域知识结构划分知识域、知识路径识别知识主题、知识趋势提取知识关键词这三个维度，建立了建筑节能领域基于文献数据挖掘这一新视角之下的新型知识体系研究框架。进而，在确定文献检索数据库及主要检索术语词的基础上，通过对文献数据的清洗和选择，最终在Web of Science核心合集数据库中采集了29580篇建筑节能领域文献。基于此文献文本数据，本书从新型知识体系的三个方面展开深入研究：

首先，在建筑节能领域知识结构划分知识域的研究中，以科学计量学中的共被引网络分析为研究方法。利用VOSviewer软件自带的算法对建筑节能领域的共被引网络进行聚类划分，进而依据子网的网络特性及节点文献的被引频次提取能够反映各聚类主要知识内容的关键文献，通过对关键文献的定性解读可知建筑节能领域知识结构下的五大知识域分别为：建筑能效知识域、相变材料知识域、全寿命周期知识域、建筑围护结构知识域和城市热岛知识域。

其次，在建筑节能领域知识路径识别知识主题的研究中，以科学计量学中的主路径分析为研究方法。由于主路径分析的根基——直接引文网络的构建鲜少有学者研究，故而此处给出了该网络的构建方法：在利用Histcite和CRExplorer软件进行文献数据的标准化处理后，以DOI号作为匹配条件利用Matlab编制计算引用矩阵的算法程序。据此在Pajek软件可视化直接引文网络的基础上，利用主路径分析计算和提取建筑节能领域五大知识域下的分支知识路径，并通过对路径文献的定性解读可识别出各知识域下的不同知识主题。

最后，在建筑节能领域知识趋势提取知识关键词的研究中，以科学计量学中的共词分析和词频分析为研究方法。由于建筑节能领域所独有的学科知识特点，造成这两种方法在该领域的趋势预测研究中的不适用，因此提出了提取各知识主题关键词集的关联强度指标，实现了两种方法的有效搭接应用，形成了建筑节能领域独有的知识趋势预测模型。利用此模型，可知相变材料的热性能、能耗预测、全寿命周期评估是建筑节能领域未来发展势头最快的知识主题。

基于以上部分的研究，本书最终从宏观—中观—微观三个维度的知识内涵分析，形成了建筑节能领域基于文献数据定量化挖掘下的新型知识体系。本书所得出的结论可为建筑节能领域的学者提供领域整体知识发展方面的有价值的信息。此外，从为学者提供知识服务的角度，本书在研究展望部分给出了未来构建建筑节能领域学科知识数据库的具体设想。

本书出版得到国家自然科学青年基金项目“学科交叉背景下知识融合的触发及驱动机制研究——以跨学科团队为例”(72104192)、中国博士后科学基金项目“多学科知识融合视角下学者引用行为的触发机制研究——以建筑节能领域为例”(2020M683674XB)和陕西省软科学研究计划项目“陕西省脱贫人口可持续发展内生动力缺失机理及干预策略研究”(2021KRM161)的资助。

目录

1

引　言

1.1 研究背景

互联网、移动商务、社交网络、云计算等信息化技术的飞速发展造成了各行各业数据的过量和信息的爆炸式增长，人们已经很难找到没有数据产生的人类活动区域。大量的数据不断在人类活动中生成并存储于各领域的专业数据集中，促使领域人员不断探寻对于可用数据的有效分析。此种形势下大数据的理念应运而生，大数据通常是指海量的、不断动态更新和补充的、不同数据类型和不同数据来源的数据。早在2003年，Google、Yahoo和其他一些高科技公司就开始将大数据用于业务数据分析，针对数据集中大型、多样、分布式和异构数据的分析、管理、可视化来提取有用的信息。因此，大数据分析提供了对复杂世界的细粒度理解，也提供了从数据稀缺研究向数据丰富研究转变的可能性。目前大数据分析已应用于医学、金融、经济学、工程学等各个领域，并为聚类、分类、统计和视觉分析等不同的大数据研究任务开发了不同的方法。作为最具影响力的新兴技术之一，大数据分析及其相关应用为信息技术的发展提供原动力，并在当今互联互通的世界中极大地重塑着现代社会各领域的思维和行为方式。

面对各行各业所产生的大数据，人们迫切需要功能强大且通用的工具，来帮助我们从海量数据中发现有价值的信息，并把这些信息转化为有组织的知识。以人工智能（AI）和统计分析为基础的数据挖掘正是实现这一目标的有力工具。数据挖掘技术是在对海量且复杂数据处理的基础上，来提取出数据所隐含的潜在有用知识，进而实现对蕴含于数据背后的事物内在机理与本质规律的揭示，达到发现新知识的目的。与传统基于小样本反映整体现象的数理推理统计不同的是，数据挖掘则依靠计算机计算能力的不断强大来对尽可能完整的全数据进行基本统计分析。数据挖掘的概念最早是在1995年的美国计算机年会（ACM）上提出的，目前包括了数据的准备、数据的清洗和选择、数据挖掘算法的开发和应用以及结合适当先验知识的结果分析等流程。挖掘方法则在研究和发展中不断将各种学科领域的知识、技术和研究成果融入其中，包括了来自统计学、人工智能、机器学习、模式识别、可视化技术等领域的方法。麻省理工学院评论认为数据挖掘将是改变世界的十大新兴技术之一。

能源的使用极大地提高了人类的发展速度，是现代社会赖以快速发展的基石。纵观人类社会历史中所有的重大变革，都源于对能源不断地认识和加以利用。随着各类新技术、新发明的推陈出新，人类消耗的能源日益增长，社会文明也达到了一个前所未有的高度。但与此同时，我们也看到人类对能源的过度消耗所造成的石油、化石燃料等资源的枯竭，还引发全球气候变化和环境问题，包括温室气体排放的加剧及由此所带来的气温上升、洪水泛滥、水资源减少、对人类健康的危害和生物多样性的减少等问题。根据国际能源机构的报告，由能源消费所引起的二氧化碳排放量相当于全球总排放量的2/3，而这些排放水平在过去几年里仍然在持续增加。人类对能源的过度消费不仅对环境产生了巨大的影响，低效率的能源利用还极大地制约着世界经济的发展，例如能源价格的上涨、为修复环境所付出的巨大经济代价等。因此，要解决与能源消耗有关的气候问题，有效行动的发展就变得越来越重要，而提高能源使用效率、开发可再生能源则被视为降低能耗和二氧化碳排放的主要策略。

能源的过度使用会对社会、经济和环境造成重大影响。建筑业作为仅次于工业和运输业的世界第三大能源消费行业，所消耗的能源约占全球总能源需求的40%，所产生的二氧化碳排放占到全球总排放量的50%。根据国际能源署最新的统计数据，2018年居住建筑和商业建筑消耗了世界一次能源供应总量的18.46%，建筑业则从建筑物生产到报废的全生命周期中消费了全球一次能源供应总量的39.74%。若不采取有效的节能措施，估计未来几十年建筑物的能源消费仍将继续增长，预计到2050年能源需求将会增加到现在的50%。由此可见建筑节能是降低能源需求、缓解环境压力的必要措施，并得到各国政府的高度重视。欧盟在2010年颁布《建筑能效指令》，要求各成员国在2020年12月31日前，所有新建建筑达到近零能耗目标。美国政府则设定到2050年所有商业建筑实现零能耗。中国为应对日益增长的能耗需求，颁布了许多建筑节能政策，特别是建筑能效标准（BEES）的制定与实施被认为是减少建筑碳排放的重要战略。建筑节能是通过建筑设计的优化、节能技术的应用，可再生能源及新型材料的使用来达到提高建筑整体能效水平的目标、提高建筑居住者舒适度和满意度的目标，而这一目标也是世界能源政策的主要目标。

在节能减排的背景下，建筑节能在全球范围内引起广泛关注，上至政府下到企业，尤其是学术界对建筑节能的研究热情日益高涨。早在20世纪末，学者就关注到建筑的能耗问题，1991年学者Feldman D发表了建筑节能领域最早的一篇有影响力的文章，探讨了相变材料对建筑用能的影响，此后的1991—2000年间出现了多篇对该领域发展起到奠基作用的经典文献。自21世纪初开始，建筑节能领域的研究论文逐年增长，且2006年至今更是呈现出指数级的增长速度。笔者于2019年6月在Web of Science数据库检索了与建筑节能有关的研究文献，发现截至2019年6月8日，该领域已发表近乎3万篇文献。所下载的文献题录文本更是包含了大量的、复杂的、多样化的、异构的数据形式，如单个字母表示的期刊数据，字母加特殊符号所构成的作者数据，纯单词文本的标题、摘要、关键词等数据，固定数字的年份数据，数字加特殊符号的DOI数据等。因此，面对建筑节能领域的文献大数据，亦可以利用当前基于计算机发展下的数据挖掘技术来提炼领域发展所需的有用信息。

1.2 问题的提出

科学文献正在以指数速度增长，迄今已发表了超过5000万篇论文，每年发表的文章超过100万篇，这意味着平均每30秒发布一篇新文章。同时，每个研究领域都变得专业化和细分化，领域信息的迅速增长和复杂化对于单个科学家来说都太大而无法及时掌握。在这样的形势下，若是仅依靠科学家的查阅来总结领域的知识发展，就显得非常费力和困难。因为单个科学家可以总结拥有几十篇或者上百篇论文的领域发展，但对于当下动辄几千篇、几万篇甚至几十万篇的大领域，人工的方式就显得无能为力。学者Davidson GS曾在文献中指出："在电子计算机出现之前的年代里，人类都处于信息缺乏的状态。而在当下，就在信息技术发展的早期，人类已经逐步感受到信息过剩所带来的烦恼。"科学领域的发展亦如此。领域科研信息的快速增长，使得在领域深耕多年的学者无法掌握知识发展的全貌，使得新进入领域的学者无所适从，不知如何选择研究的切入点。那么在当下文献信息爆炸的数据时代，应如何审查领域知识的全貌和发展体系，就是值得我们研究的问题。

建筑节能领域同样存在这个问题，当下该领域的文献数量迅速增长，仅依靠人力无法获知领域整体的知识发展。学者Shibata N曾指出审查领域的知识发展有两种方法：一种最直接的方法是基于专家的判断，利用专家对领域的认知做出知识发展判断，然而在当下信息泛滥的时代既非常耗时，又具有主观性；另一种是基于计算机的方法，通过对文献的深度挖掘来发现知识的发展状况，甚至可以快速掌握陌生领域的知识框架。Shibata N所提出的这种基于计算机的方法，便是当下热门的科学计量学方法，该方法是在计算机与信息技术的发展下，通过数据挖掘、信息处理和知识计量等方式来对复杂领域的科学技术知识进行系统梳理和可视化展示。目前，科学计量学是情报信息学科和科技管理学科的热门研究领域，相关方法及文献数据挖掘软件也在如火如荼地开发中。这一以文献为研究对象的方法，能够帮助我们解决大数据时代的知识探索问题。因此，为了能够系统化地挖掘和梳理建筑节能领域的知识发展情况，本书利用科学计量学方法来研究建筑节能领域的知识体系，实现对领域发展的全面掌握。

1.3 研究意义

（1）利用文献数据本身所蕴含的规律使知识挖掘更具客观性

传统的知识梳理建立在学者阅读文献的基础上，根据学者对文献的理解来总结领域知识发展的全貌。然而在建筑节能领域文献数量不断增长的情形下，仅依靠学者对几十篇或上百篇文献的总结来反映囊括上万篇文献的大领域的知识全貌，难免会失之偏颇，并且领域的发展让学者面临更多的问题，使得他们难以维持对领域的全面看法，因此建立在学者认知基础上的知识回顾往往过于主观。信息科学技术下的产物——大型文献数据库为我们提供了数据来源，所下载的文本格式题录数据为我们的知识挖掘提供了充分的信息；而另一产物文献数据挖掘软件则为我们提供了分析工具。此种形势为我们破除主观困境提供了武器。这主要是由于组成文献知识的基本单元包括标题、摘要、关键词和参考文献，通过科学计量学研究这些知识单元所蕴含的关系规律，则可以挖掘出相应的知识特性。例如科学计量学中的关键词共现关系，利用建筑节能领域这上万篇文章中关键词共同出现的频率来建立共现网络，则可以挖掘领域的知识热点和知识前沿。因此，这种通过大量文献数据本身所蕴含的规律进行的知识挖掘就更具客观性，并因在一定程度上摆脱了定性方法的个人主观性而更加具有可信度。

（2）实现跨学科应用中对科学计量学方法本身的不断完善

科学计量学属于情报信息科学的范畴。由于存在不同学科领域之间的知识鸿沟，学者往往仅关注本学科的发展，对其他学科的发展常常知之甚少。科学计量学亦如此，该领域的学者在提出新的理论或新的方法后，也经常以本领域中的研究作为应用案例。跨学科的应用研究较少，而其他领域的学者也较少有渠道获知科学计量学的发展。在近几年这种跨学科应用才逐步增多。然而对于一种方法的发展来说，只有在实践中得到不断的应用，才能发现方法的缺陷。例如科学计量学中的主路径方法，属于当下的热门方法，但存在应用的缺陷，本书就给出了新的解决办法。此外，在跨学科应用中，来自不同学科的研究人员能够发挥所在学科特有的知识专长，更进一步推动科学计量学的发展。因此，科学计量学方法在建筑节能领域的跨学科应用能够使其自身得到进一步的完善。

（3）所构建知识体系可为相关组织人员提供领域全景图

从学术研究的规律来看，一般新进入领域的学者往往会苦于研究方向的选择，不知从哪个切口进入该领域。而在领域深耕多年的学者却更多地关注于自己研究的细分方向，很少了解整个大领域的发展动向。因此，建筑节能领域的知识挖掘研究，可构建领域发展的完整知识体系，为新进入该领域的学者提供了解领域知识基础的快速通道，助其选题；为研究多年的学者提供获取领域全貌的知识全景图。因此，本研究不光可为建筑节能领域的研究人员提供知识服务，还可为该领域的产业从业人员和政府机构提供获取领域知识发展信息的公开渠道，以协助政府机构或产业机构确定科研合作机构；协助研究人员了解领域的全球发展情况、了解自身或所在国的知识空隙和短板；协助产业从业人员做出更加优化的决策分析；协助政府机构制定相应的建筑节能政策。

1.4 国内外文献综述

1.4.1 建筑节能文献研究

建筑物的能源消耗与各种因素有关，例如建筑构件的热物理性质、建筑的被动设计特性（隔热、自然通风、遮阳等）、建筑技术细节、气候位置特征、已安装HVAC系统质量、可再生能源系统以及居住者对能源利用的行为和活动。目前建筑节能领域针对能源消耗及节能措施的方方面面均展开了研究，形成了接近3万篇学术论文，其中有关建筑节能的Review类型文章就有近2000篇。Review类型文章即综述文章，其包含的一种重要研究方式是通过在阅读他人研究论文的基础上，总结某一研究主题知识发展的来龙去脉、知识结构及未来展望。从另一方面来说，领域发展中学者经常会就某一研究点展开文献综述，来梳理和凝练研究知识。建筑节能领域亦包含了大量有关文献知识审查的Review文章，本文在此审查了建筑节能领域近3年（2017—2019年）的Review文章。在本小节第二段我们对近3年高被引文章展开介绍；在本小节第三段我们依照划分的大类来全面总结2017—2019年建筑节能Review文章的主题发展。

截至2019年8月，Web of Science数据库中基于文献研究的建筑节能领域Review类型文章，被引频次在40次以上的有5篇。Amasyali K，2018在谷歌学术数据库中获取了99篇有关数据驱动的能耗预测文献，审查了预测范围、使用的数据属性和预处理方法，用于预测的机器学习算法以及用于评估的绩效衡量标准，该文目前在WOS中被引80次；文章Adiya L，2017审查了133篇有关建筑节能保温材料的文献，回顾了各种天然和再生材料的最新技术，该文被引62次；文章Song MJ，2018在99篇文献的基础上回顾了用于构建包络优化的PCM及用于建筑设备优化的PCM，确定了相变材料在改善能源性能的研究工作中所存在的差距，该文被引了46次。Delzendeh E，2017在Science Direct和Scopus数据库中检索了有关居住者行为研究的124篇文献，对该领域进行了全面的知识回顾以确定未来研究趋势和差距。Webb A，2017则在阅读200多篇文章的基础上回顾了用于评估历史和传统建筑中能源改造的标准、分析方法和决策过程。

我国有关建筑节能领域的综述性文章较少，在中国知网检索近3年的文章总共有10篇，结合Web of Science数据库中检索到的近3年的英文文章，本文总结了2017—2019年建筑节能领域综述性文章研究主题的大致分类，如表1.1所示。在节能技术系统类别中，包括了节能技术、太阳能控制技术、地源热泵系统、热电与光伏系统的知识回顾研究；在节能材料类别中，包括了相变材料、热存储材料、多孔材料及绝缘材料的综述；在能效分析类别中，总结了居住者行为、能耗预测、能耗模拟、控制设计、全寿命周期分析、物化能分析研究的知识发展，值得注意的是关于能耗预测在近3年的综述文章最多；能源计量方法与模型类别中，包括了不确定性分析、费用优化模型、建筑信息模型、随机建模、人工神经网络的知识总结；建筑部件类别中则包括了外围护结构、城市热岛中的屋顶、双层立面的研究发展；建筑类型中，综述了既有建筑的节能改造、零能耗建筑、历史建筑、绿色建筑的研究发展；而在建筑节能管理中，则从供应链管理、管理措施及管理政策等方面展开了知识回顾。从这些综述文章所阅读和审查的文献数量来看，主要集中在20～250篇，且多侧重于建筑节能领域中的特定主题，缺乏对全领域文献的系统审查分析。

Review类型文章主题分类信息　　表1.1

主题分类	具体主题对象	审查文献数	文章列表
节能技术系统	节能技术、太阳能控制技术、地源热泵系统、热电和光伏立面系统	82～109	[38]，[39]，[40]，[41]
节能材料	热能存储材料、相变材料、多孔材料、绝缘材料	105～137	[42]，[43]，[44]，[45]
能效分析	居住者行为、能耗预测、能耗模拟、控制设计、能耗评估、物化能分析、全寿命周期分析	38～124	[46]，[47]，[48]，[49]，[50]，[51]，[52]
计量方法与模型	不确定分析、费用优化模型、建筑信息模型、随机建模、人工神经网络	115～205	[52]，[52]，[54]，[54]，[56]
建筑部件	外围护结构、城市热岛、双层立面	44～142	[57]，[58]，[59]
建筑类型	节能改造、零能耗建筑、历史建筑、绿色建筑	23～249	[60]，[61]，[62]，[63]，[64]
能源管理	管理系统、供应链管理、管理措施、管理政策	56～196	[65]，[66]，[67]，[68]

1.4.2 科学计量学研究

科学计量学作为一个独立的术语在1971年被Vassily V. Nalimov和Z.M. Mulchenko首次创造出来，用于取代此前“书目统计”这一含糊不清的术语。作者将其定义为“开发作为信息过程的科学发展研究的定量方法”，可见该术语主要是用于对科学和技术文献各个方面的定量研究。此后该术语在1978年得到匈牙利Tibor Braun系列期刊中《科学计量学》的认可并作为创刊刊名，Nalimov时任首位咨询编辑，目前该刊的影响因子为2.770（2018年），SSCI数据库中的JCR分区为信息科学与图书馆科学的Q1区期刊。根据办刊宗旨，《科学计量学》包括科学学、科学技术文献和科学政策等方面的数量化研究。学者Senel E指出科学史、科学哲学、科学知识社会学及文献计量学都与科学计量学密切相关。尤其是文献计量学，不仅与科学计量学同年提出，且在研究范围上也有很大的交叉重合。科学计量学在国外属于信息科学与图书馆学科的研究方法，在国内属于情报学的方法范畴，而在国家自然基金中则属于管理科学部的科技管理范畴，该方法利用数理公式、统计、图形与其他原理，通过数据挖掘、处理、测量、绘图等步骤来实现知识框架、结构、交互、交叉或其他内部关系的图形表达。其目的是依据学术文献中的模式和关系来检测科学发展和变化，最终可以客观地揭示特定领域的知识结构、知识热点等知识属性，并且补充和扩展了传统的基于定性的文献综述。随着科学及技术文献的大量出版，科学计量学研究被越来越多的学者所接受，成为当下的热门研究领域。

科学计量学所围绕的一个核心概念是引用关系。引用他人研究的行为提供了人、思想、期刊和机构之间的必要联系，形成了可以定量分析的领域知识网络。此外，引文还提供了时间上的联系，即参考文献作为先前出版物和引用它的文章作为后期出版物之间的联系。引用的发展源于一位著名学者——尤金加菲尔德的贡献，他确定了引文的重要性，并在20世纪50年代提出了科学引文索引（Science Citation Index，SCI）的概念，并以此建立了捕获引用关系的数据库。该数据库在随后的1973年和1978年又新加入了社会科学引文索引（Social Science Citation Idex，SSCI）和艺术与人文引文索引（Art and Humanities Citation Index，A&HCI）数据库，并最终由汤森路透公司将这三大数据库转换为其知识网络平台的一部分。科学引文索引数据库的建立对科学计量学的发展产生了进一步的推动作用。历史学家普赖斯是第一个看到论文和作者关系网络重要性的学者之一，并提出科学文献的一步步发展，能够导致累积优势的想法。1978年，社会学家罗伯特·K·莫顿作为一期专题“走向科学的指标：科学指标的出现”的编辑，探索了许多科学计量学的新方法。

科学文献网络的计量、绘图与可视化也随着科学计量学的发展而发展。这一想法最早亦是由加菲尔德发起的，他开发了“史学”的概念，根据关键论文之间的联系地图，以重建一个重要发现的知识先驱。1955年在其经典文章“科学引文索引”中，提出了直接引文分析理论。随后1989年学者Hummon和Dereian又在引文网络的基础上提出探寻知识发展轨迹的主路径分析方法。此外，1974年学者Small H则提出了引文共被引的概念，使用多因素技术，如因子分析、多维尺度分析和聚类分析，通过挖掘和绘制共同被引用的高度相关的论文网络，为识别研究领域的知识结构指明了方向。此后1983年Callon C从关键词中提出探寻单词对共现频率的共词分析方法，用于探索知识发展热点。这几种理论方法本文在后续章节都会用到，因此会在每章的理论基础部分展开详细的介绍和综述。新的方法和算法还在继续开发中，例如引文出版年光谱方法、Blondel算法等。随着引文数据库、先进的统计技术和允许科学映射和可视化的软件程序的发展（如Histcite、Vosviewer、Citespace等），科学计量学已被越来越多地应用于各学科领域的知识发展研究。

科学计量学在与建筑、节能相关的领域也得到应用。在建筑领域，学者He QH利用科学计量方法划分了建筑信息模型的管理领域的知识结构，该文是Web of

Science中的热点和高被引论文；学者Luo T、Shi YL、何清华、Darko A及Wuni IY则利用科学计量学方法探究了低碳/绿色建筑领域的知识发展和知识分布态势；学者Santo R、Li X和Hosseini MR和赵亮研究了建筑信息模型的热门知识主题、知识基础、领域知识结构及知识图谱；此外，学者还利用科学计量学研究了建筑全寿命周期、建筑物化能、建筑节能中数据分析技术等方向的知识网络。在节能领域，学者Gaede J通过引文网络及关键词确立了能源技术和燃料的社会接受度研究的知识基础，该文是Web of Science中的高被引论文。Yu H则探索了低碳技术的知识基础，包括作者、国家和机构分布、最具影响力的文章、最受关注的主题等。此外，学者还利用科学计量学方法探讨了微生物燃料电池、生物质能、废物再生能等领域的知识发展。这5篇（2016—2018年）有关能源的科学计量文章目前在Web of Science数据库中的引用频次均在20次以上。

1.4.3 知识网络研究

科学计量学目前已被公认为国际信息与图书馆学科最活跃的领域之一，而在我国是属于情报学科及科技管理学科中的热点研究方向。1987年，赵红州等人利用美国的SCI数据库统计了我国主要大学的论文发表名次，引起社会各界的强烈反响。1988年中国科技信息研究所建立了“中国科技论文与引文数据库”。1991年中科院成立了中国科学学与科技政策研究会科学计量学与情报计量专业委员会。此后我国越来越多的学者关注到科学计量学的发展，将国外先进的科学计量学理论和方法引入国内。2005年学者刘则渊将国外的科学知识图谱理论引入中国，他在文中写到“科学知识图谱是把庞杂的科学技术领域的知识通过数据挖掘、信息处理、知识计量和图形绘制表现出来，使得学者可以直观地了解所在领域的知识发展动向。这样一个以科学计量学为基础，涉及统计学、计算机科学、可视化技术的新兴交叉学科正在悄然地发展中”。此后知识图谱的研究与应用迅速在我国展开，知识图谱软件Citespace、VOSviewer等工具也得到大量应用。截至2019年8月，中国知网中以“知识图谱”为主题的核心期刊以上水平文章已高达2100多篇，充分说明了知识图谱在我国的研究热度。

2007年武汉大学邱均平、赵蓉英等学者所组成的团队首次在《情报学报》连发3篇文章探讨国际知识网络概念的内涵与外延、发展历程及基本特性。同年又在《图书情报工作》连发两篇文章分析知识网络的结构及类型。此后该团队一直致力于知识网络的研究，2008年探索了知识网络与数字图书馆的关系；2009—2010年引入了科学知识网络形成与演化中的共词网络方法；2011年仍在《情报学报》连发3篇文章，探讨了知识网络的演化机制；2012年引入科学引证网络来继续分析知识网络的演化动力；2013年则构建了知识网络的结构及过程模型、演化模型，并从知识图谱的角度分析了知识网络研究的可视化。2014年该团队又在《情报学报》连发4篇文章确定了学科知识网络的研究框架，包括引文网络、共被引网络和共词网络的研究以及作者合作网络的实证应用。至此，知识网络理论研究在我国达到了巅峰，也确立了研究的基本范式。武汉大学信息资源研究中心的学者自2007年至今一共发表了35篇与知识网络相关的重要文献，且绝大多数发表在《情报学报》《图书情报工作》《情报杂志》等高水平期刊中，为该研究的发展做出巨大贡献。表1.2列出了该团队所发表的部分重要文献的具体信息。

知识网络重要文献信息列表 **表1.2**

年份	题目	作者	期刊
2007	知识网络研究（Ⅰ）——知识网络概念演进之探究	赵蓉英，邱均平	情报学报
2007	知识网络研究（Ⅱ）——知识网络的概念、内涵和特征	赵蓉英	情报学报
2007	知识网络研究（Ⅲ）——知识网络的特性探析	赵蓉英，张洋，邱均平	情报学报
2007	论知识网络的结构	赵蓉英	图书情报工作
2007	知识网络的类型学探究	赵蓉英，邱均平	图书情报工作
2009	科学知识网络的形成与演化（Ⅰ）：共词网络方法的提出	王晓光	情报学报
2010	科学知识网络的形成与演化（Ⅱ）：共词网络可视化与增长动力学	王晓光	情报学报
2011	知识网络的演化	马费城，刘向	情报学报
2012	科学知识网络的演化与动力——基于科学引证网络的分析	刘向，马费成	管理科学学报
2013	知识网络的结构及过程模型	刘向，马费成，王晓光	系统工程理论与实践
2014	学科知识网络研究（Ⅰ）引文网络的结构、特征与演化	吕鹏辉，张士靖	情报学报
2014	学科知识网络研究（Ⅱ）共被引网络的结构、特征与演化	吕鹏辉，张凌	情报学报
2014	学科知识网络研究（Ⅲ）共词网络的结构、特征与演化	赵一鸣，吕鹏辉	情报学报
2014	学科知识网络实证研究（Ⅳ）合作网络的结果与特征分析	吕鹏辉，刘盛博	情报学报

知识网络经历了从普赖斯的“科学论文的网络”到布鲁克斯的“知识地图”“知识基因”“科学知识图谱”再到“知识网络”的发展历程。国外虽最早提出知识网络的概念，但在信息与图书馆学科却并没有如我国那般展开系统化的研究。学者Liu X

指出知识网络的概念仍尚未明确，但从学者的研究来看，知识网络主要是针对知识节点的关联关系展开研究。节点可为书籍、论文、关键词等知识单元，而关联则是知识单元之间的连接，如引文网络中的引用关系。由此来看，国外针对知识网络的研究亦是从科学计量学的基本方法展开。表1.3给出了近3年国外有关知识网络研究的文章具体信息。可以看出国外知识网络的研究较少，虽然与国内相同，主要是以引文网络分析、共被引网络分析、共词网络分析这三种方法来展开，但却很少如国内将这三种方法囊括在知识网络的框架体系下，说明国外关于知识网络的提法较少，而主要是针对这三种（引用、共被引、共词）网络分别展开大量的理论和应用研究。相较于国外，我国已形成系统的知识网络理论体系和研究框架。

国外知识网络近3年文章信息 **表1.3**

年份	题目	分析方法
2017	The impact of collaboration and knowledge networks on citations	Co-word
2017	Structural and longitudinal analysis of the knowledge base on spin-off research	citation
2017	The knowledge network dynamics in a mobile ecosystem：a patent citation analysis	citation
2017	How the analysis of transitionary references in knowledge networks and their centrality characteristics helps in understanding the genesis of growing technology areas	Co-citation
2018	The memory of science：Inflation，myopia，and the knowledge network	citation
2018	A look back over the past 40 years of female entrepreneurship：mapping knowledge networks	citation + keywords
2018	Forecasting turning trends in knowledge networks	Co-word
2019	Measuring popularity of ecological topics in a temporal dynamical knowledge network	Co-word
2019	Knowledge domain and emerging trends on echinococcosis research：a scientometric analysis	Co-citation
2019	Measuring popularity of ecological topics in a temporal dynamical knowledge network	Co-word

1.4.4 研究简要评述

从建筑节能领域综述性文章的整理来看，2017—2019年基于学者自我阅读的方式最多仅能审查250篇文献的知识发展，而基于数据挖掘与信息技术的科学计量学方法则可以定量分析具有成千上万篇文献的领域发展。科学计量学在1971年被提出，而后1978年创立了《科学计量学》期刊，同年加菲尔德建立了引文索引的三大数据库，这期间学者针对不同的文献知识单元分别提出了共被引网络分析、引文网络分析、共词网络分析等多种计量分析方法。随着信息技术的发展，Vosviewer、

Citespace等各种计量及可视化软件的开发，科学知识图谱得到了广泛的应用。2007年武汉大学邱均平教授的团队又引入了知识网络的概念，并在此后一直致力于对知识网络的系统性研究，且于2014年在《情报学报》连发四篇文章，确定了学科知识网络的研究框架。在对建筑节能领域及科学计量领域的综述性分析中，本书发现还存在以下不足：

（1）传统基于领域文献的研究多采用定性方法，如叙事分析、主题分析或案例研究，这不可避免地容易受到主观性和片面性的影响，并且通过人工梳理文献很难掌握领域整体的知识发展。建筑节能领域亦如此，当下基于文献的综述多为针对某一具体主题的知识回顾，综述的文献数量有限，若非领域权威学者，则往往因缺乏可重复性验证而受到质疑。

（2）当下建筑节能领域的出版数量急剧增加，学者对于整个领域的掌控已变得越来越困难。因此，有必要对整个建筑节能领域的知识展开全面和系统化的挖掘。科学计量学方法可以实现这一目的，目前已应用到绿色建筑、低碳建筑、建筑信息模型等建筑学科领域以及生物质能、燃料电池等能源学科领域，但至今还鲜少有学者将其应用于建筑节能领域，并且也缺乏对全领域知识的体系化建构。

（3）科学计量学虽经历了多年的发展，但随着新方法的不断提出，旧方法的不断应用，本书发现依然存在很多问题有待进一步解决。尤其是在建筑节能领域的应用中，针对具体领域文献的特点，发现科学计量学方法中的主路径方法和共词网络方法在应用中都存在缺陷，需要进一步去探寻解决之道。

1.5 研究内容

建筑节能作为节能减排的重要对象，一直是学术界关注的热点，学者在此领域发表了大量的研究论文。在海量文献的数据背景下，学者往往难以掌握领域知识的全貌，因此本书采用文献数据挖掘的方式来系统追踪建筑节能领域的知识发展，并以知识网络理论为基石，辅以科学计量学方法，形成了建筑节能领域学科知识体系的新型研究框架。基于此，试图解答领域发展中的四个疑惑，分别为：①目前建筑节能研究分布于哪些国家、机构、期刊中，该领域的作者合作具有什么样的特点；②建筑节能领域的知识结构如何，由哪些知识结构域组成；③建筑节能全领域的知识发展路径如何，各知识域包含哪些主题路径；④建筑节能领域能够反映主题含义的关键词有哪些，主题的未来发展趋势如何。在建筑节能领域知识体系构建中根据这些问题确定了具体的研究内容：

第一，阐述了文献的知识内涵，分析了建筑节能领域所特有的学科知识特征。据此指出了在当下领域知识迅速增长的形势下，传统基于学者主观判断的知识体系构建方式的不适用。因此，提出了从文献数据挖掘这一新视角来定量化构建建筑节能领域知识体系的目标。进而以学科知识网络理论为基础，辅以科学计量学方法，形成了建筑节能领域知识体系研究的新框架。

第二，设计了文献数据的采集方案，提出了基于“三步法”的领域检索术语的确定方法。在清除杂质文献的基础上从Web of Science数据库中获取并下载了建筑节能领域文本格式的题录数据作为研究对象。据此分析了建筑节能领域文献的历年分布规律，挖掘了知识关联主体的发展态势，如国家和机构的科研实力分布、领域权威期刊排序、领域核心作者信息及合作团体的情况。

第三，在所提出的知识体系的新框架下，以所采集的建筑节能领域文献的参考文献作为数据挖掘对象。在利用CRExplorer软件对参考文献数据清洗和消歧的基础上，构建了建筑节能共被引网络，利用VOSviewer软件自带的算法对共被引网络进行了聚类划分，进而依据子网的网络特性及参考文献的被引频次来提取能够反映各聚类主要知识内容的关键文献，通过对关键文献的定性解读来识别各聚类的知识子领域，从而形成建筑节能领域基于五大知识域的知识结构。

第四，在所提出的知识体系的新框架下，以所采集的建筑节能领域的article类型文章作为数据挖掘对象。首先，提出了构建引文网络的方法，包括文献信息的标准化处理，利用Matlab对引用矩阵的算法开发，利用Pajek软件对引文网络的可视化。其次，在引文网络的基础上，利用主路径分析方法计算和提取了建筑节能全领域的知识发展路径，以及建筑节能五大知识域下的分支知识路径，并通过路径文献的定性解读识别了各知识域的不同知识主题。

第五，在所提出的知识体系的新框架下，以所采集的建筑节能领域文献的关键词作为数据挖掘对象。设计了建筑节能领域趋势预测模型的流程框架，并在清洗和整理关键词数据的基础上，利用VOSviewer软件建立了建筑节能领域的共词网络，进而利用本书所提出的关联强度指标，提取了建筑节能领域各知识主题的关键词集。在统计主题关键词集中关键词年度出现频次的基础上，利用神经网络中的LM-BP算法预测了各知识主题簇未来5年的发展趋势，并指出了建筑节能领域未来关注较多的、发展较快的主题方向。

第六，在结论与未来研究展望部分，本书给出了建筑节能领域知识体系研究的主要结论，并提出了未来构建建筑节能领域科研知识数据库网站的具体设计框架。

1.6 研究思路及技术路线图

从问题的提出、新型知识体系的框架搭建，数据的采集、知识关联主体的信息挖掘，到基于不同分析层面的知识体系建构，本书以建筑节能领域文献数据为挖掘对象，针对这一新视角之下领域知识体系的研究形成了如图1.1所示技术路线图，展示了整体研究的设计思路。

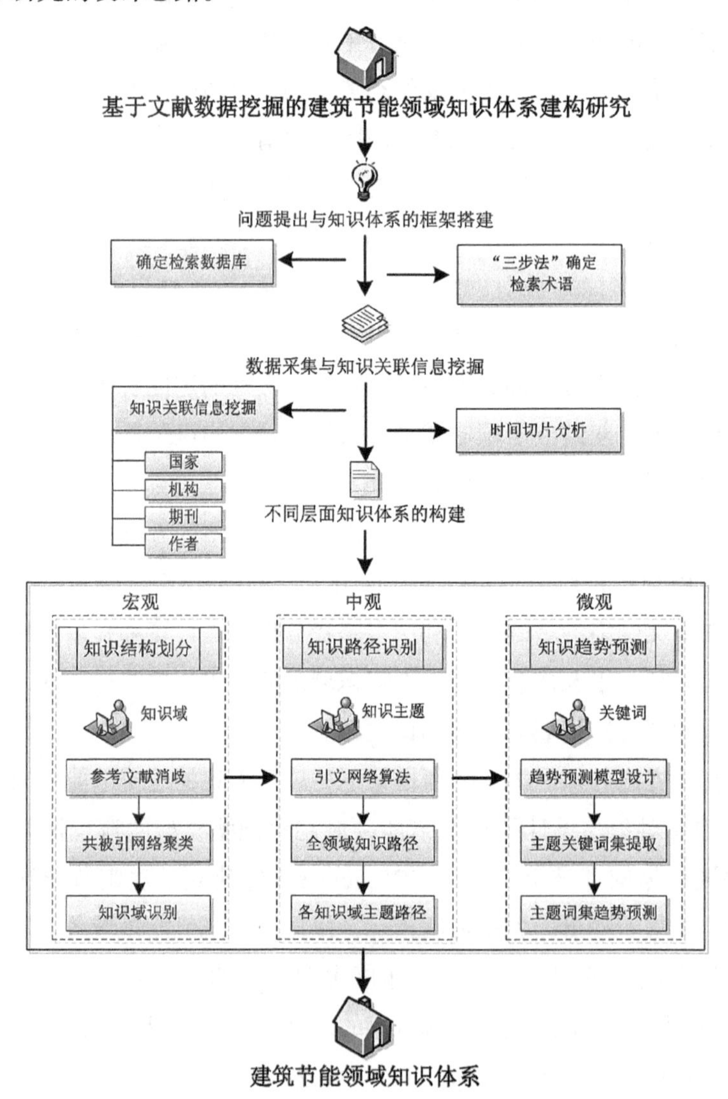

图1.1　建筑节能领域技术路线图

本书的整体思路为：首先，在建筑节能领域的文献数据背景下，提出了研究目标是基于文献数据挖掘的建筑节能领域知识体系的建构。在介绍研究意义及综述国内外文献的基础上，界定了知识研究的对象，并提出了从文献数据挖掘这一新视角来定量化地构建建筑节能领域知识体系的研究框架。据此首先确定了检索数据库和检索术语，获取并下载了29580篇文献，然后分析了文献的时间分布特征，挖掘了领域文献知识关联主体（国家、机构、期刊、作者）信息。其次，在所确定的建筑节能知识体系的新框架下，从知识粒度的不同层面（宏观—中观—微观）展开了建筑节能知识体系的构建，分别为通过知识结构来划分知识域，知识路径来提取和识别知识主题，从主题关键词集的提取来预测知识发展趋势。最终，在结论部分，给出了建筑节能领域从文献角度挖掘的知识体系。

1.7 创新点

本书以建筑节能领域文献数据为研究对象，科学计量学中的核心与热门方法为文献数据挖掘和分析的工具，以知识网络基础上所构建的定量化知识体系为研究框架。在全文的深入研究中，形成了以下三个重要的创新之处。

（1）提出了新视角之下的新型知识体系研究框架。传统的学科知识体系的建构多基于学者的主观认知，而面对建筑节能这样拥有几万篇文献的跨学科领域，学者已难以跨越整个领域进行知识的系统化梳理。因此，本书从文献数据挖掘这一新的视角来定量化和规范化地构建知识体系，基于学科知识网络的理论框架，辅以科学计量学方法对建筑节能领域三种知识网络的系统挖掘和梳理，最终形成了以知识结构划分知识域、知识路径识别知识主题和知识趋势提取关键词集的建筑节能领域新型知识体系研究框架。

（2）提出了构建直接引文网络的方法。提取知识路径的主路径分析建立在直接引文网络的基础上，而网络的构建却鲜少有学者提及，尤其是针对建筑节能这样的大领域，以至于学者Henrique BM认为主路径分析方法将底层网络的构建留给了读者的创造力。因此提出了构建引文网络的方法和具体的实施步骤，在利用Histcite和CRExplorer软件将文献数据处理为标准格式后，以DOI号作为匹配条件分别使用Matlab和Python语言编制计算引用矩阵的算法程序，最终利用Pajek软件进行了引文网络的可视化展示。

（3）提出了建筑节能领域的知识趋势预测模型。目前常用的趋势分析有词频分析和共词分析两种方法，然而由于建筑节能所特有的学科知识特征，造成这两种方法在建筑节能领域应用中的不适用。因此本书提出了提取建筑节能领域主题关键词集的关联强度指标，解决了建筑节能领域单个关键词不能反映主题含义的问题，实现了共词分析和词频分析这两种趋势分析方法的有效搭接应用，最终形成以共词分析为基础提取知识主题关键词集，以神经网络方法为词频分析工具来预测各知识主题未来发展的建筑节能领域趋势预测模型。

2

建筑节能领域知识体系框架的搭建

科学知识作为一种无形的财富，常常需要通过各种不同的出版物记录下来。目前科学出版物正在以指数速度增长，每年发表的文章超过100万篇，使得大部分学科领域的知识信息变得更加复杂化。面对这样的增长速度，当下单个科学家想要通过自身的力量来掌握整个领域的知识发展体系已变得尤为困难，此时就需要在数据背景下实现知识体系建构框架的转变。建筑节能领域也面临着这样的局面，不仅领域文献在迅速增长，建筑节能领域的跨学科属性也使得分属于不同子领域的学者无法掌握整个领域的知识发展体系，因此本章节从科学计量学文献数据挖掘的角度提出了建筑节能领域新的知识体系框架。

2.1 学科领域文献知识的特性

2.1.1 文献知识的内涵界定

知识是人类智慧的结晶，人类在不断学习、吸收、应用和再创新知识的过程中创造了一个又一个的技术革命，极大地推动了人类社会的进步。此外，在全球竞争日益激烈的环境下，知识也被广泛认为是企业或其他组织形式的核心竞争力。然而就知识的本质来看，知识是一种无形的精神财富，为了使其固化且具有传播作用，能够供他人学习，就需要通过各种出版物记录下来，例如书籍、期刊、会议论文集等。可以说出版物是知识的载体，通过对出版文档的研究就能了解知识的发展状况。科学活动的主要产出是期刊论文，是建设科学知识的主要“原材料”，不同科学领域的研究论文各自构成了所在领域独有的知识体系，因此科学家常常通过对某一领域内文献的查阅来总结领域知识的发展脉络。

早期的知识形态是以人类的语言为载体进行表述，而随着知识的增加、内容的复杂化，知识已经没有办法进行口口相传。这个时候知识作为一种无形的资产常常需要通过实体来存储和传播，而当下纸质版和电子版的科学文献就起到了这种实体的作用，使得抽象的知识变成一种客观的独立形态物。因此某一学科领域知识的发展就可以通过领域的文献来进行挖掘。领域文献出版物通常包含了一篇文章多方面的信息，如标题、摘要、关键词和参考文献等客观知识单元，这些知识信息能够直接反映一篇文章的核心知识内容。此外，还包括了与文章相关联的主体信息，如文章的作者，作者所在的机构、国家，或文章所来源的期刊，其概念示意图如图2.1所示。本书所研究的建筑节能领域的知识挖掘不仅包括了客观的知识单元，还包括了关联主体的信息挖掘，如领域内的权威作者和团体的挖掘、核心期刊和机构的挖掘及重要研究国家的挖掘等。

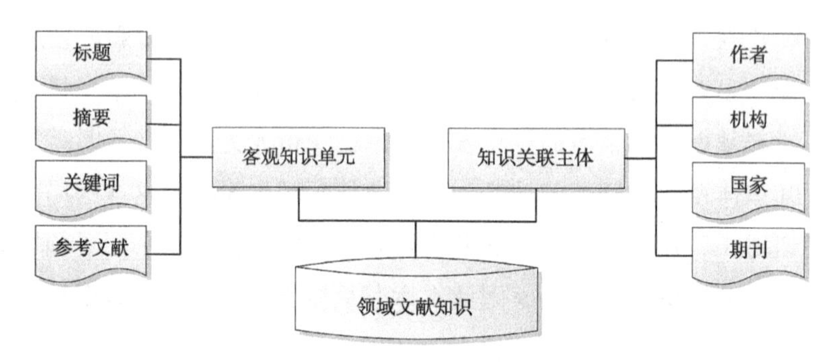

图2.1　文献知识概念示意图

2.1.2 知识的体系性特征

随着领域发展的复杂化和细分化，领域知识的积累也逐渐增多，而蕴含于每篇文献中的知识虽丰富了领域的发展，但从整体的视角来看却往往过于碎片化而显得杂乱无章。因此对于领域知识进行系统梳理，加以整合，使之形成具有一定联系的知识体系是十分必要的。根据系统论的观点，知识单元一旦有序组织成集合，作为一个完整框架的知识体系就获得新的独立存在的价值，具有了整体性，也就具有了系统论中“整体大于部分之和”的效果。从理论上来讲，知识体系作为一个整体能够解答领域知识发展过程中的诸多问题，能够发现零散知识之间的关联，从而归纳提炼出新的有关领域发展的增值知识。因为在知识经济时代，一篇孤立文献的知识信息的价值往往相对较小，而一组相关文献的知识信息通过分析、推理和组合得到的新知识信息的价值往往会大于所依据的知识信息的价值之和。因此知识体系对于分散于各篇文献中的知识来说，是对知识信息的系统化加工，并且能够整合到一定的框架下，形成如“综述”“述评”“研究报告”之类的知识增值产品。

黑格尔曾说：“哲学若没有体系，则不能称之为科学，只能是分散化的个人认知，其内容必定带有偶然性。哲学的内容，只有作为整体中的有机环节，才能得到证明，否则便只能是无根据的假设和个人主观认知。”确实，学科领域的文献千千万万，所包含的知识也琳琅满目，若只关注一篇文章的知识本身，则很难看到这篇文章的知识在整个领域的知识体系中所处的位置。因此只有将知识单元和理论模块通过某种内在的关系逻辑进行有效整合与相互延伸，组成知识体系，才能更加清晰地展示领域知识架构，实现对知识的新认知。目前针对学科领域知识体系，不同的学者有不同的体系建构标准，如学者黄志坚认为青年学的知识体系包括了四大结构化模块；学者张嘉凌则认为知识体系是围绕学科对象，统领学科知识，通过合理准则所形成的一个总体的学科框架；学者吴欣认为知识体系主要是指建立在史学基础上关于领域各方面的知识及其有机联系；学者Henze J则从河流治理的科学知识与不同主体知识相互交互的视角，将不同形式知识联系起来构建知识体系；学者Paci AM则描述了工程知识体系的当前状态，认为应该将科技知识整合到多层级、多尺度属性的知识体系中，并提出在“大数据、科学云和开放数据”背景下应实现知识体系研究范式的转变。

2.2 建筑节能领域的学科知识特点

2.2.1 建筑节能的跨学科属性

建筑节能的含义经历了多个阶段的发展，早在1973年石油危机后学术界和工业界就提出建筑节能的概念，认为建筑节能的意义在于减少建筑的能源消耗（energy saving），随着建筑节能产业实践和理论的发展，人们又意识到建筑节能的意义不仅在于节省能源，还在于减少建筑物的能量散失，即建筑的能源保有（energy conservation），接着在近十年建筑节能工作的进一步深入开展中，人们认识到提高建筑的能源使用效率是当下阶段建筑节能应该关注的重点，因此近些年来能效（energy efficiency）是学术界使用最多的词汇。通过建筑节能内涵的转变，可以发现当下的建筑节能是在建筑物的规划、设计、新建、改造过程中，通过采用新型建筑材料、节能技术及可再生能源，以及对建筑能源系统的不断优化中来提高建筑物的能源利用效率，最终实现在保证建筑室内热舒适的前提下减少建筑全寿命周期的能源需求的目的。从这一建筑节能的内涵来看，建筑节能问题的解决既需要懂建筑结构的专家，又需要懂能源分析的专家，还需要懂建筑材料的专家，因此可以看出建筑节能工程涉及了多个学科知识的融合。

建筑节能的跨学科属性已被该领域的学者广泛认同，本书在Web of Science数据库检索了建筑节能领域的文献，发现该领域的文献主要分布于如图2.2所示的Web of Science研究类别中。从图中可以看出，建筑节能除涉及能源和建筑技术领域，还涉及了电子电气、材料、工程机械、热力学，甚至是计算机科学理论与方法领域。此外Web of Science数据库还提供建筑节能文献的研究方向分类，从研究的方向来看，除过上述领域，建筑节能还涉及了商业经济、电信、城市研究、自动控制系统、公共环境与居住健康、气象大气科学、冶金工程和运筹管理科学。通过这一对建筑节能涉及学科领域的定量化统计，可以发现建筑节能是一项涉及多个对象（如墙体、屋顶、暖通空调）、多个阶段（如建造、使用、报废）、多种能量形式（如太阳能、地热、电能）、多个视角（如居住者舒适度视角、环境影响视角、气候区域视角）、多种主体（居住者、建筑管理者、能源供应者）、多种科学方法（如实验、仿真模拟、机器学习）的系统化工程。因此在建筑节能这样的跨学科领域，各个学科的专家均可利用自己的专长在解决建筑节能问题的系统中添砖加瓦。

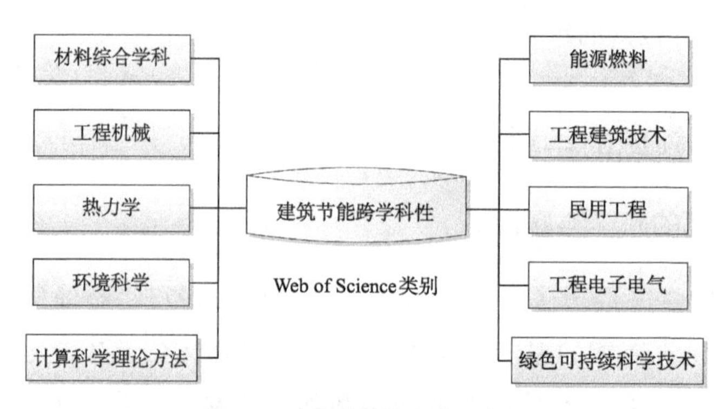

图2.2　建筑节能的跨学科类别

2.2.2 建筑节能知识内涵的局部体系性

建筑节能的跨学科属性也表现在建筑节能教材中的知识体系中，如图2.3所示。在建筑的设计阶段，首先要考虑当地气候条件对建筑能耗的影响，如温度、风向、太阳辐射等；其次考虑建筑物本身的设计对能耗的影响，如建筑体型、遮阳等；再次要考虑建筑群体布局对能耗的影响，如朝向、间距等。在建筑的施工阶段则要考虑建筑外围护结构的节能保温性能。对于墙体来说，会考虑墙体保温隔热材料的选择、保温材料的厚度、位置等因素对建筑能耗的影响；对于窗户来说，则会考虑玻璃类型、隔热薄膜和窗墙比对建筑能耗的影响，对于屋顶来说，则会考虑种植植被，使用高反射制冷材料对建筑能耗的影响。而在建筑的运行阶段，首先要考虑室内的暖通空调设备对建筑能耗的影响，如冬季供暖、夏季空调制冷；其次要考虑室内电气照明对建筑能耗的影响；再次要考虑自然通风对建筑能耗的影响；还有室内居住者的用能行为对于建筑物能耗的影响。此外，可再生能源也被用于建筑系统中，用于降低建筑对一次性能源的消耗。从以上建筑节能的基本知识内涵来看，针对建筑不同部件及室内设备、居住者的节能研究均可独立展开，各自的研究成果都能降低建筑的能源使用。

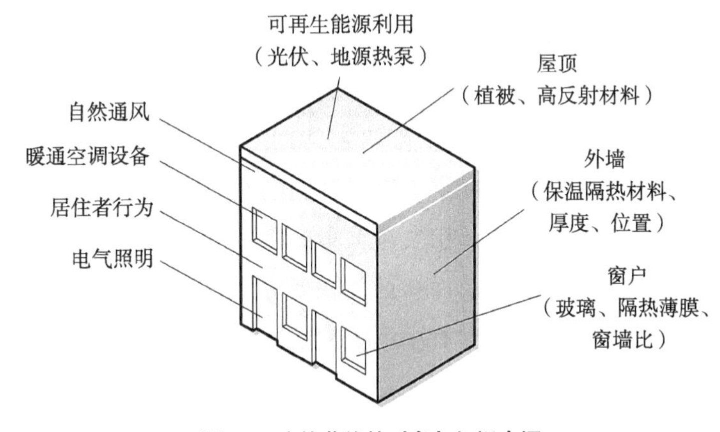

图2.3 建筑节能的对象与知识内涵

建筑节能所特有的知识内涵是该领域跨学科属性的根源，也是形成建筑节能领域知识所表现的局部体系性的原因。例如，研究墙体保温隔热材料的学者并不会涉及电气照明对于建筑能耗的影响，而仅仅只针对保温隔热材料本身、材料在墙体中的厚度和位置等围绕保温隔热材料的知识进行体系化梳理。因此对于建筑节能来说，各个领域的学者只能利用自己的专业知识针对自己所研究的局部建筑节能问题展开知识的体系化梳理。这也与本书有关建筑节能文献研究的国内外综述部分的结论相符。在1.4.1节已说明近3年（2017—2019年）学术界对于建筑节能领域知识的体系化回顾多基于建筑节能领域的细分研究方向，如对于建筑能耗预测知识的体系化梳理、对于相变材料知识的体系化梳理等，却并没有对整个建筑节能大领域的知识梳理。因此建筑节能领域的知识具有局部体系性的特点，学者很难跨越自我的专业知识去了解和掌握整个建筑节能大领域的发展情况，尤其是在建筑节能领域文献快速增长的形势下，分属于建筑节能不同子方向的学者就更难得知整个建筑节能领域的知识体系和发展的走向。

2.3 基于文献数据的新型知识体系框架搭建

2.3.1 知识网络理论框架及对象

知识网络的基本原理是由众多抽象化的知识节点和知识关联所构成的网络集合，其中知识节点为文章、参考文献、关键词等可作为知识实体微观度量的知识单元，知识关联则为这些知识实体之间潜在的某种逻辑关系。武汉大学邱均平教授的团队对知识网络进行了系列研究，并在2014年提出学科知识网络的基本框架如图2.4所示。该知识网络包括了共被引网络、引文网络和共词网络。共被引网络是以两篇参考文献共同被引用的关系所形成的知识网络；引文网络是由文章之间的引用与被引用关系所构成的有向知识网络；共词网络则是依据关键词在同一篇文章共同出现的关系所建立的知识网络。这三种网络的知识节点对象分别为文章的参考文献（被引文献）、领域文章（施引文献）及文章的关键词，可以看出均为能够反映知识核心内容的客观知识单元，而知识关联则为共被引关系、直接引用关系和共现关系，这三种关系是将知识单元有序组织和连接在一起的量化逻辑基础。

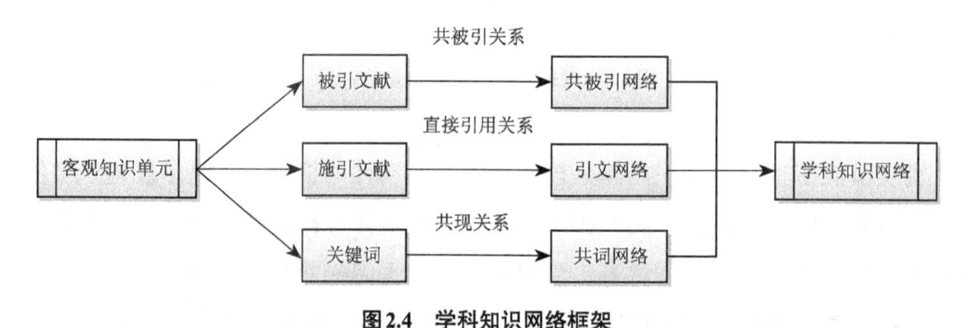

图2.4　学科知识网络框架

知识网络中的共被引网络、引文网络和共词网络是科学计量学方法的基础。其中共被引网络中的文献节点距离可以反映知识内容的相似程度，若知识内容越相关，则节点的距离就越近，因此，学者常常通过聚类分析技术将具有相似知识内容的文献归为一类，从而梳理和识别领域的知识结构。引文网络中文献节点的有向连接反映了知识的继承和传播作用，形成了知识由过去到现在的网状发展轨迹。近几年科学计量学界又提出了主路径分析方法，可以提取领域网状发展轨迹中的关键链状轨迹，从而可获得具体知识的纵向体系化路径。共词网络中关键词节点的距离同样能反映关键词知识的相关程度，同时关键词还具有时序特征，因此在科学计量学界常用针对关键词的共词网络分析方法和针对关键词的词频分析方法来探索领域的研究热点和未来发展趋势。总的来说，这三种知识网络结合科学计量学中的方法可以通过文献实现对领域知识的系统化梳理。

2.3.2 建筑节能领域的新型知识体系框架

当前对于学科领域知识体系的建构并没有统一的框架标准，不同的学者从各自的认知角度会提出不同的知识体系，然而这些知识体系却有一点是相同的，那就是均为学科领域内的专家基于自身对领域的认知判断所梳理的知识架构。这种知识体系的建构方式基于权威学者对全领域知识的掌握力以及领悟力，能够为领域知识的增值作出贡献，但在建筑节能领域存在的问题是：该领域的学科知识具有跨学科属性，且当下领域文献已近乎3万篇，首先建筑节能细分领域的学者难以梳理整个建筑节能大领域的知识，并且大领域文献的快速增长也使得该领域中即便是权威学者也难以维持对整个领域知识的掌控力。并且建筑节能已有的知识体系多为教材中成熟化的知识体系，对于领域前沿和热点知识的更新慢，难以涉及。因此面对建筑节能领域这样的困境，学科知识体系的建构就需要转化新的思路。正如学者Paci AM所说，在“大数据、科学云和开放数据”的背景下，领域的发展也应该实现知识体系研究范式的转变。对于建筑节能领域来说，要实现整个建筑节能领域跨学科的知识体系的构建，就应该顺应大数据发展的潮流，从文献数据挖掘的角度实现知识体系研究范式的转变，从定性的主观判断朝着定量化的方向转变。而针对知识的定量化研究，以文献作为研究对象的科学计量学则可帮助我们实现知识体系建构的理论拓展。

图2.5展示了传统定性的知识体系及本书所提出的基于文献数据挖掘的定量化知识体系的形成过程。定性构建首先在整理领域文献的基础上，通过人工阅读的方式来形成学者对领域总体的知识认知，进而通过人工梳理、凝练等方式形成学者对领域知识的理解和判断，最后不同学者会从各自不同的视角形成学科知识体系的建构。而对于跨学科且拥有大量文献的建筑节能领域，定量化的知识体系建构就显得尤为重要。本书定量化的知识体系框架的建构是以邱均平教授团队给出的学科知识网络为框架，在此框架的基础上利用科学计量学方法对网络进行分析和挖掘，系统

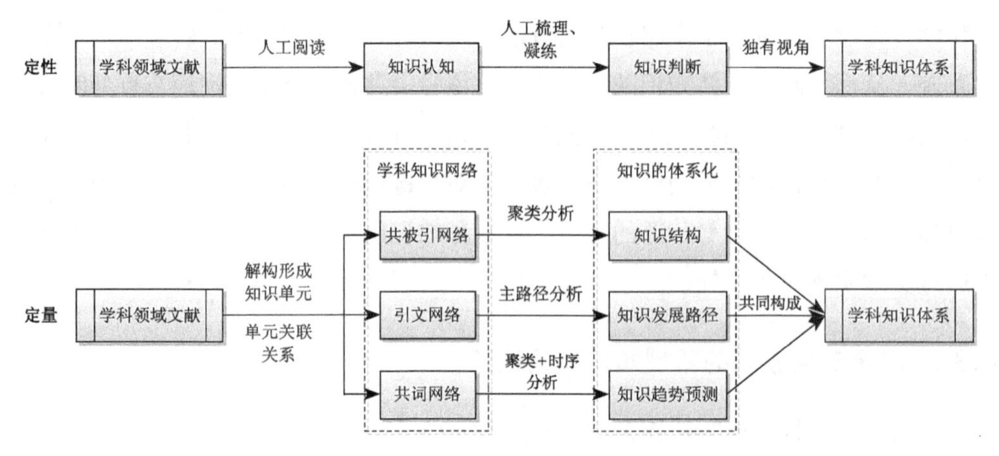

图2.5　定量化知识体系的形成

化地梳理出建筑节能领域的知识结构、知识路径和知识发展趋势，并形成了该领域的知识体系框架。从知识结构、知识路径和知识趋势预测这三个方面来说，都是采用定量化的手段对建筑节能领域知识进行系统化梳理和归纳，并能形成对领域知识新的增值认知，因此实现了领域知识的体系化，进而可统一构成学科知识体系新的研究框架。

图2.6展示了建筑节能领域知识体系框架的内在逻辑，首先通过对建筑节能领域文献数据共被引网络的分析，得到建筑节能领域的知识结构，进而从该知识结构可知建筑节能领域大的知识域的划分。在此基础上，通过对各知识域的文献数据展开直接引文网络的主路径分析，得到各知识域的关键知识路径，从而可知建筑节能领域各知识域的不同知识主题。在获得建筑节能领域知识主题的基础上，通过对该领域的共词网络展开分析，可知该领域的热门关键词和新兴关键词，从而进一步通过对关键词的词频分析得知建筑节能领域知识的未来发展趋势。因此，建筑节能领域的知识体系框架具有从宏观到微观的层级结构，经历了宏观知识域到中观知识主

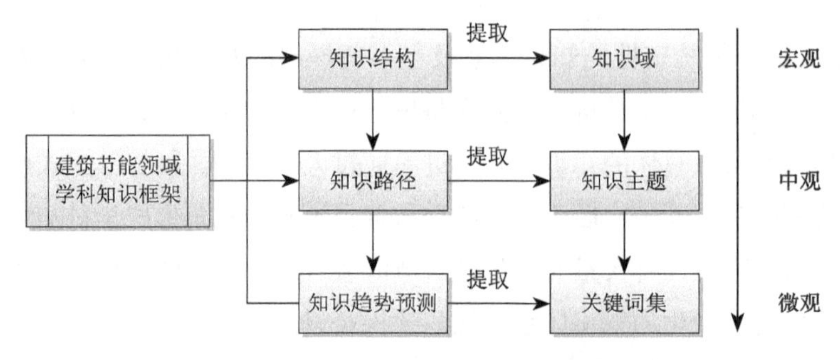

图2.6　建筑节能领域知识体系框架的内在逻辑

题再到微观关键词提取的过程。本书所构建的建筑节能领域的知识体系框架是顺应领域跨学科背景及定量化的文献数据挖掘背景下历史发展的新趋势，因此在本节提出了建筑节能领域知识体系的新框架及定量化的研究方法，据此在接下来的几章通过科学计量学领域的方法深入挖掘建筑节能领域的知识结构、知识路径和知识发展趋势，最终在文献数据的挖掘下形成本书所构建的建筑节能领域新的知识体系。

2.4 小结

文献出版物是知识的载体，文献中的不同信息能够反映科学知识的不同层面。本书研究的建筑节能领域的文献信息包括了标题、摘要、关键词和参考文献等客观知识单元，也包括了文献来源的作者、机构、期刊等关联主体信息。建筑节能是一个综合性的跨学科领域，囊括了能源、建筑技术、材料等学科专业的知识。这种跨学科性使得建筑节能领域的知识具有局部体系性的特征，细分领域的学者只知小领域的知识体系而不知整个建筑节能大领域的知识体系。此外随着建筑节能领域文献数量的急剧增长，领域知识的迅速更新，使得学者更加难以获知整个领域的知识体系发展情况。因此本章节提出了从文献数据的角度来挖掘和构建建筑节能领域知识体系的思路。以武汉大学邱均平教授团队所提出的学科知识网络为理论框架，利用科学计量学方法对建筑节能领域的三种知识网络展开定量化的系统挖掘和梳理，形成了以知识结构划分知识域、知识路径提取知识主题和关键词集预测未来趋势为框架的建筑节能领域知识体系研究框架，实现了从宏观知识域、中观知识主题、微观关键词来展开层级式的知识体系建构目标。

3

建筑节能领域文献数据的采集及分析

数据是科学研究的基石，文献数据则是本书研究建筑节能领域知识体系的基础。因此，文献数据的完整性决定了知识体系建构的准确性，而文献采集的完整性又受到检索术语词的限制。本章节给出了确定建筑节能领域检索术语词的新方法，进而收集了1970—2019年间建筑节能领域的文献数据。在此基础，对领域的基本发展情况展开了分析，包括文献的历年分布如何？建筑节能领域的知识关联主体发展如何？如建筑节能研究分布的重要国家、领域发展中的核心机构、领域研究的高影响力期刊及领域发展中的权威学者。

3.1 建筑节能领域文献数据采集

3.1.1 建筑节能领域文献采集方案设计

文献数据集是建筑节能领域知识体系建构的基础，文献检索中检索术语的过多或过少都会导致混杂数据或数据不完整。因此，数据采集的全面性、准确性以及数据质量的高低都会直接影响着建筑节能领域知识的定量和定性分析结果。本节设计了如图3.1所示的数据检索方案流程。第一步是选择建筑节能文献数据所需检索的数据库，也就是确定建筑节能文献的来源问题。此处分析了三大常用的数据库，包括Scopus、Web of Science和Google Scholar，最终选择Web of Science数据库；第二步确定数据库检索所需的术语，目的在于尽可能全面地收集有关建筑节能研究的文献数据，此处本书开发了三步法确定检索术语词；第三步是在Web of Science数据库中制定获取文献所需的检索式，此处利用数据库相应的字段标识、布尔运算符、截词符、括号等，以及3.1.2节确定的检索术语创建检索式；第四步在初步检索的基础上清除杂质文献。初步检索的结果通常包含了重复或信息不全及部分与建筑节能无关的文献，此处利用excel软件及人工总结分析来清除杂质文献；第五步下载文献题录信息，获取最终的文献数据文本文档。本节后续部分讨论了数据库的选择，3.1.2节研究检索术语的确定，3.1.3节创建检索式并最终实现文献数据的收集。

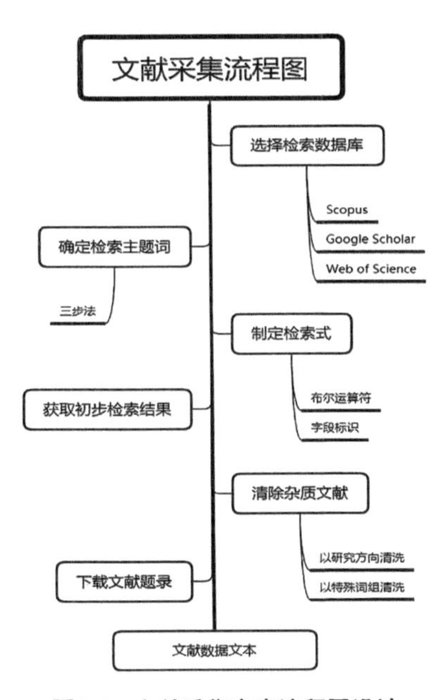

图3.1　文献采集方案流程图设计

Scopus是目前全球规模最大的文献摘要和引文数据库，在自然科学、医学和社会科学等领域拥有超过20000种同行评审期刊，大约75000本图书，超过680万份的会议论文，覆盖了150多个国家的40多种语言的出版物。Google Scholar是谷歌开发的一个免费搜索学术文献的网络搜索引擎，包括了期刊论文、学位论文、书籍、预印本、文摘和技术报告在内的学术文献。Web of Science（WoS）是汤森路透旗下的首个跨学科综合性的大型数目索引系统，目前在自然科学、社会科学、人文与艺术科学等领域拥有超过10000份高影响力的期刊以及超过120000个国际会议报告，是世界领先的引文数据库之一。

本书分别检索了以这三种数据库作为数据来源的科学计量文献，发现使用Scopus数据库的文章有239篇，使用Google Scholar数据库的文章有84篇，而使用Web of Science数据库的文章高达837篇（截至2018年8月14日）。因此，Web of Science被认为是科学计量分析的标准数据来源。在此，本书亦选择Web of Science数据库作为建筑节能领域分析的数据来源，主要有以下三个方面的原因：一是Web of Science核心合集中的SCI-E、SSCI以及A&HCI数据库中的文献质量普遍较高，保障了建筑节能领域分析数据的可信度和可靠度；二是Scopus数据库虽然覆盖了更加全面的文献范围，但其所提供的引文数据却是从1996年才开始有的，对于出现较早的领域难以全面分析；三是Google Scholar是基于谷歌开发的学术搜索引擎，由于谷歌服务器在我国无法正常使用，使得基于Google Scholar的文献研究在我国开展较少。因此，基于以上原因，最终确定以Web of Science数据库作为建筑节能领域文献分析的数据来源。

3.1.2 建筑节能领域检索术语确定

建筑节能是横跨建筑学科与能源学科在内的综合性领域。大量学者在此领域针对建筑的节能工作展开研究。因此若要研究该领域的知识发展体系，就必须尽可能地全面收集该领域的文献数据，并以此作为研究的基石，这样才能尽可能完整地反映该领域的知识发展情况。在此认知下，全面地收集文献数据的具体操作，就在于检索术语的确定。文章检索术语挖掘得越充分，则搜索到的和建筑节能有关的文献就越多。通常情况下我们在数据库中的检索，最多只能检索到标题、摘要和关键词，但这些信息并不充分，例如如果仅以energy efficiency AND building作为检索词，那就可能将标题、摘要或关键词中有energy performance AND building或者含有solar energy AND building的文献没有包含进去，而这些文献也是针对建筑节能所做的研究，由此可看出当下的检索并不智能，所以要想包含更全面的文献，就必须尽可能地穷举出所有可能用于建筑节能文献检索的主题术语词。

在建筑节能领域，部分学者已针对其中的子领域展开文献研究，例如学者Zhang Y等回顾了节能建筑中的居住者行为研究，使用energy AND（building OR hous OR office）作为建筑节能的检索字段，而研究同样问题的学者Delzendeh E等则使用building AND（energy consumption OR energy use OR energy simulation OR energy modeling OR energy efficiency OR energy performance）作为文献的检索术语词。此外，学者Cruz-Lovera CDL等针对公共建筑节能的研究中使用energy saving AND（building OR buildings OR school OR schools OR office OR offices OR university OR universities OR public building OR public buildings）作为检索的术语词。而最近有关建筑节能数据分析技术的一篇文章更是扩大了检索术语词的数量，学者Cristino TM等使用的建筑节能检索词有：building AND（energy efficiency OR energy saving OR energy efficient OR energy consumption OR energy performance OR energy management OR energy demand OR energy usage OR energy analysis OR low energy OR low power OR power efficient OR power allocation OR energy utilization OR energy conservation OR sustainable energy OR energy simulation OR energy use OR energy storage OR energy forecasting)。

上述文献中的检索词都是作者在文章中直接给出的，并没有具体说明如何选取这些术语词，且从建筑节能这个大领域的研究发展来看，这些术语词还不足以反映建筑节能领域的全部文献，因此我们需要获取更多的检索术语词。科学计量学界著名学者Robin Haunschild在其文章中指出，当下的检索术语在完整性方面受到限制，可以通过统计一部分精确检索文献中的关键词来完善和扩大检索术语的数量。在此基础上，本书开发了一个三步法来确定建筑节能领域检索所需的术语词，实现尽可能地完整获取建筑节能领域文献的目标。

第一步，人工阅读汇总。在Web of Science核心合集中搜索建筑节能相关文献，利用文献类型检索项提炼出所有Review类型文献，再按被引频次进行排序，并下载所有被引频次排名在前50位的文献。此举的目的是综述性文章（review）相较其他类型文章包含了更多与建筑节能相关的参考文献和关键术语。通过对这50篇综述性文章的细粒度阅读，笔者人工汇总了建筑节能领域常用的术语词汇，如表3.1所示，具体分为三类，包括建筑相关的常用词汇、节能相关的常用词汇及建筑节能中涉及的具体能源节能或可再生能源词汇。

人工统计术语词表 **表3.1**

类型	术语词
建筑	building；house；office
节能	energy efficiency/efficient；energy saving；energy use；energy performance；energy consumption；energy storage；energy model；energy analysis；energy simulation；energy demand；energy conservation；zero energy；low energy；energy demand；energy management
再生能源	renewable energy；solar energy；heat pump；photovoltaic

第二步，Excel文献统计汇总。在第一步人工阅读的基础上，笔者发现energy efficiency；energy saving；energy use；energy consumption；energy performance是最常用的有关节能的词汇，building是建筑表达最常用的词汇。因此，在Web of Science数据库中以building AND energy efficiency OR energy saving OR energy use OR energy consumption OR energy performance展开检索并下载检索结果的题录信息。利用excel对题录信息中的关键词列表展开数据统计，可知使用比较多的代表

建筑节能的词汇如表3.2所示。

文献词频统计术语词表 **表3.2**

类型	术语词
建筑	building; residential building; office building; commercial building; house; residential sector; green building; smart building; sustainable building; school building; apartment building; public building; intelligent building
节能	energy performance; energy consumption; energy efficiency; energy system; energy simulation; energy model; energy saving; energy demand; energy conservation; energy management; energy prediction; energy storage; energy retrofit; energy policy; energy use; energy analysis; zero energy; low energy; low carbon; zero carbon; zero emission
再生能源	renewable energy; solar energy; heat pump; photovoltaic

第三步，总体统计汇总。人工汇总是在人工阅读的基础上统计常用的代表建筑节能研究的术语词，文献关键词汇总是利用关键词的数量化特征并借助excel统计软件所获得的有关建筑节能的术语词。由表3.1和表3.2来看，这两种方式的汇总结果总体上趋于一致，只有少量术语词不同，相互之间的检验说明了方法的可靠性。因此，最终确定的检索所需术语词如表3.3所示。为了尽可能地全面包含建筑节能相关研究文献，本术语词囊括了表3.1和表3.2的词汇，并且还涵盖了上述4篇文献中所列举的检索术语词。

检索术语词统计汇总表 **表3.3**

类型	术语词
建筑	building; residential building; office building; commercial building; house; residential sector; green building; smart building; sustainable building; school building; apartment building; public building; intelligent building
节能	energy efficiency/efficient; energy saving; energy use; energy performance; energy consumption; energy storage; energy model; energy analysis; energy simulation; energy demand; energy conservation; zero energy; low energy; energy management; energy system; energy prediction; energy retrofit; energy policy; low carbon; zero carbon; zero emission; energy usage; sustainable energy; energy utilization; energy forecasting
再生能源	renewable energy; solar energy; heat pump; photovoltaic

注：此处不包含文献[98]中power efficient; low power; power allocation等词汇，因搜索后发现无关文献太多，故这三词不包括在内。

3.1.3 建筑节能领域文献数据收集

3.1.1节设计了建筑节能文献数据的采集流程，并确定了数据检索的数据库。

3.1.2节通过三步法最终确定了用于检索的术语词汇。在本节则开始后续的检索式制定及建筑节能领域文献数据的采集。Web of Science核心合集数据库包含了三大期刊数据库（SCI-EXPANDED、SSCI和A&HCI）、两大会议数据库（CPCI-S和CPCI-SSH）和一个2015年新推出的ESCI期刊论文数据库。本节建筑节能文献数据的选取仅以Science Citation Index Expanded（SCI-EXPANDED）、Social Sciences Citation Index（SSCI）、Arts & Humanities Citation Index（A&HCI）这三个数据库作为数据来源，主要是因为这三大数据库的收录标准较高，所属文献的质量能拥有较好的保障。在此基础上，本书制定了如下检索式：

（TS=（（building* OR "residential building*" OR "office building*" OR "commercial building*" OR "residential sector*" OR "green building*" OR "smart building*" OR "sustainable building*" OR "school building*" OR "apartment building*" OR "public building*" OR "intelligent building*" OR house*）AND（"energy efficiency" OR "energy efficient" OR "energy saving*" OR "energy use" OR "energy using" OR "energy usage" OR "energy utilization" OR "energy performance" OR "energy consumption" OR "energy storage" OR "energy model*" OR "energy modeling" OR "energy analysis" OR "energy simulation*" OR "energy demand*" OR "energy conservation" OR "zero energy" OR "low energy" OR "energy management" OR "energy system*" OR "energy prediction*" OR "energy retrofit*" OR "energy policy" OR "energy policies" OR "low carbon" OR "zero carbon" OR "zero emission*" OR "sustainable energy" OR "energy forecasting" OR "renewable energy" OR "solar energy" OR "heat pump" OR photovoltaic）））AND LANGUAGE：（English）

Indexes=SCI-EXPANDED，SSCI，A&HCI　　Timespan=All years

Search Results：38224 records　　Date last updated：June 18，2019

文献检索的范围包含题目、摘要和关键词，初步检索获得了38224条文献数据记录。经过抽检阅读，发现此时的文献含有很多杂质数据，即很多与建筑节能领域不相关的文献。因此，需要进行下一步的数据清洗工作。在分析文献数据结构特征的基础上，采用两个步骤进行文献数据清洗，第一步以Web of Science数据库中的研究方向展开清洗，主要是在Web of Science数据库中的前100个研究方向中，找出与建筑节能最为相关的研究方向，剔除含杂质较多的无关研究方向，例如食品科学技术。第二步以特殊词组展开清除，主要是由于建筑节能中"building"和"house"等词还具有其他动词含义，例如，"building"还有动词"建立或构建"的意思，因此，要将文献数据中此类虽有节能但却与建筑无关的文献清洗掉，具体清洗方案如图3.2所示。

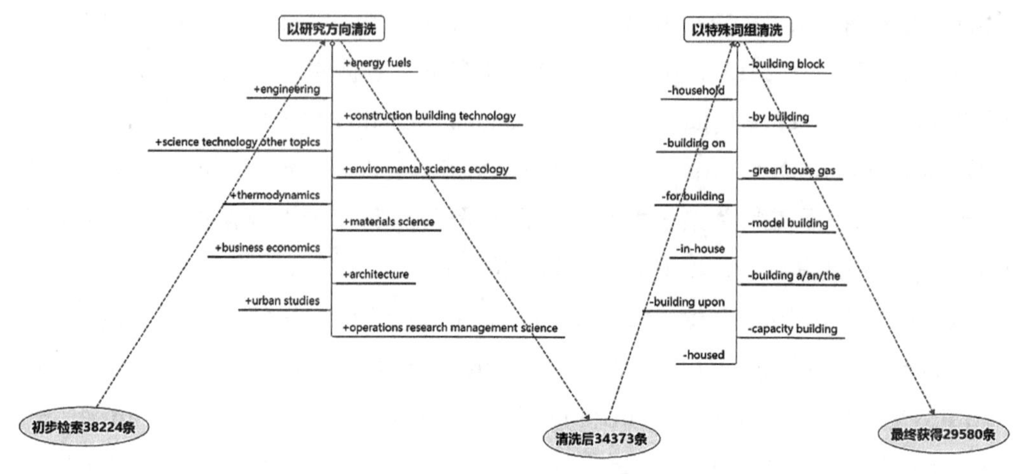

图3.2　文献数据清洗方案

在图3.2所示的以研究方向清洗中，选取了Web of Science数据库前100个研究方向中与建筑节能最为相关的前11个研究方向，分别为能源燃料、工程、建筑工程技术、科学技术其他主题、环境科学生态学、热力学、材料科学、商业经济、建筑学、城市研究和运作管理科学，其中“+”表示将建筑节能文献限定在这些研究方向内。精炼之后获得34373条文献记录，占初始检索记录的88%。在第二步以特殊词组清洗中，探寻“building”作为动词的词组规律，总结出“building block”“by building”“building on”“for building”“model building”等常用的组合；此外还总结了“house”作为房屋之外的词组含义，如household（家庭）、green house gas（温室气体）、in-house（在内部），其中“-”表示将带有这些词组的文献从第一步清洗之后的结果中进一步剔除掉。清洗之后最终获得29580条文献记录作为本书的数据研究对象，具体信息如表3.4所示。

文献题录详细信息表　　表3.4

信息类型	信息数量
文献数据数量	29580条
文本文档大小	225MB
文献时间范围	1970—2019
参考文献数量	633149
下载题录包含对象	作者、题目、出版年、关键词、摘要、国家、机构、来源期刊、引文等

3.2 建筑节能领域文献的时空分布分析

3.2.1 领域文献的时间分布分析

科学知识的增长、规律与文献的增长、规律紧密相连，分析建筑节能领域文献数量的时间分布有助于了解该领域知识的增长情况。图3.3给出了建筑节能领域文献的年度分布情况，根据整体趋势，可以将领域发展划分为三个阶段：出现阶段（1970—1990年），建筑的节能问题被提出但几乎无关注，各年文献数量不及50篇；发酵阶段（1991—2005年），领域逐渐受到学者关注，期间文献数量有所增长，但历年分布仍起起伏伏；腾飞阶段（2006—2018年），自此建筑节能领域迎来了稳定的持续增长时期，且2010年至今一直呈飞速发展阶段，并在2018年达到最高峰，发表文献数量为5585篇。2019年文献数量较少的原因主要是本书仅检索到了2019年6月之前的文献。

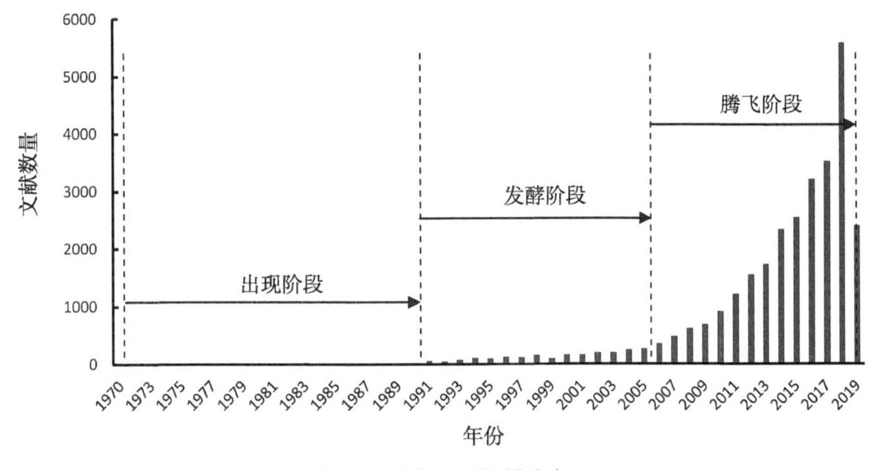

图3.3　历年文献数量分布

情报学科、科学计量学的创始人之一普赖斯教授曾将科学出版物发展的规律总结为四个阶段：①前期阶段，此时只有极少量学者关注并在一个新的领域发表文章；②近似的指数增长阶段，此时越来越多的学者投入这一领域，探索并研究领域发展的各个方面，发表了大量的研究文献，呈现快速增长趋势；③巩固知识体系阶段，此时该领域学者数量趋于稳定，发文数量缓慢增长，领域的研究趋于成熟并逐渐饱和；④数量下降阶段，至此该领域已经成熟，所需研究之处均已研究，学者关注度减少，出版物数量逐年下降。从普赖斯定律来看，1970—2005年间是建筑节能领域发展的前期阶段，2006年后学者关注度持续增长，整体趋势近似指数函数（$R^2=0.929$），符合普赖斯发现的科学知识增长的自然规律，说明到目前为止建筑节能领域仍然处于发展的黄金时期，属于学者关注较高的热点领域。

图3.4展示了建筑节能领域引用频次的年度分布，可以看出整体引用频次呈现波动上升后平稳下降的趋势。1970—1990年间由于文献数量较少而导致引用较少，此后从1991年开始稳步上升，到2004以后出现快速增长，并且2004—2018年间维持在12000次以上的引用频次，2007—2016年间维持在25000次以上的引用频次，2010—2015年间维持在35000次以上的引用频次，其中2011年建筑节能领域文献的引用频次最高为47023次。2015年以后引用频次逐年下降主要是由于论文写作发表及出版具有时间上的滞后性，因此越是接近于当下年份的引用越少。领域文献中，被引用最高的一篇文章是西班牙学者Perez-Lombard L所发表的文章《A review on buildings energy consumption information》，截至2019年6月共被引用了2188次。

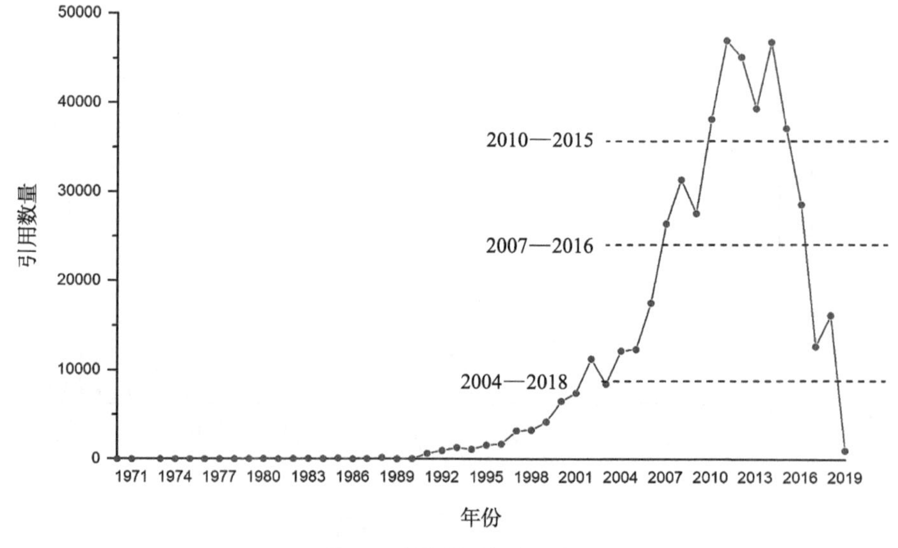

图3.4　历年引用频次分布

3.2.2 领域文献的空间分布分析

从1970年到2019年间，共有151个国家发表了与建筑节能领域相关的研究文献。在世界各国文献出版总数的地理分布中，中国和美国处于领先地位，分别发表了5472篇和5031篇文献，其次为英国、意大利、西班牙和加拿大，分别发表了3020篇、2009篇、1554篇、1243篇文献，这6个国家发表的总文章数占到建筑节能全领域文章数的61.96%，说明了这6个国家在建筑节能领域的研究实力强大，是研究建筑节能的主要阵地。澳大利亚、印度、日本、韩国、土耳其、德国、法国和瑞典的发文数量在500～1000篇，反映了这些地区在建筑节能研究中也较为活跃；墨西哥、巴西，挪威、芬兰、波兰等欧洲国家，埃及、沙特阿拉伯、南非及伊朗的文章数量在100～500篇，表明这些国家也在研究和关注建筑节能领域的发展。阿根廷、阿尔及利亚等国家文章数量在100篇以下，表明这些国家对建筑节能领域的关注度有待提高。此外，俄罗斯的建筑节能文献数量仅为73篇，据调查是由于该国学者主要发表俄罗斯国内的刊物，因此本书以Web of Science数据库作为统计工具的研究就无法准确获知俄罗斯在建筑节能领域的研究情况。最后的附表A给出了发表建筑节能领域文献数量在50篇以上的国家信息。

利用VOSviewer软件可以制作国家之间的合作网络如图3.5所示，该图显示了发表文章数量在500篇以上的19个国家的合作网络，其中连线的粗细代表了国家之间合作的紧密程度。由图3.5可看出美国、中国、英国之间的连线最粗，说明这三个国家之间的合作非常密切，其次为中国和日本、澳大利亚之间的合作较为紧密，美国和韩国、加拿大、意大利合作较为紧密，英国和意大利、西班牙、芬兰合作较为紧密。图3.5中节点的颜色反映了国家发表文献的平均年份，可以看出美国、日本、印度、英国、希腊、法国是研究建筑节能最早的国家。从网络的连接关系来看，这19个国家每个国家都至少与另外17个国家相连接，说明这些国家之间的国际合作与交流非常地密切。图3.6为各国的引用分布，其中横轴为引用频次，

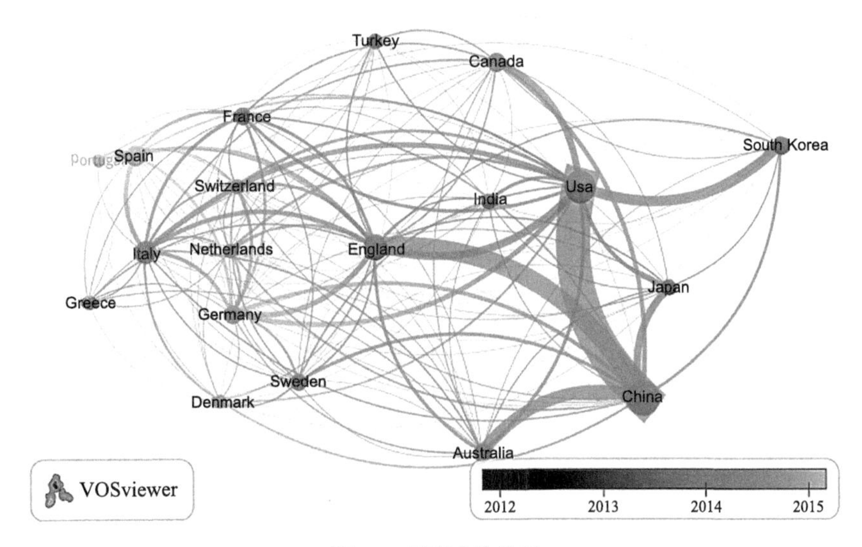

图3.5　国家合作关系

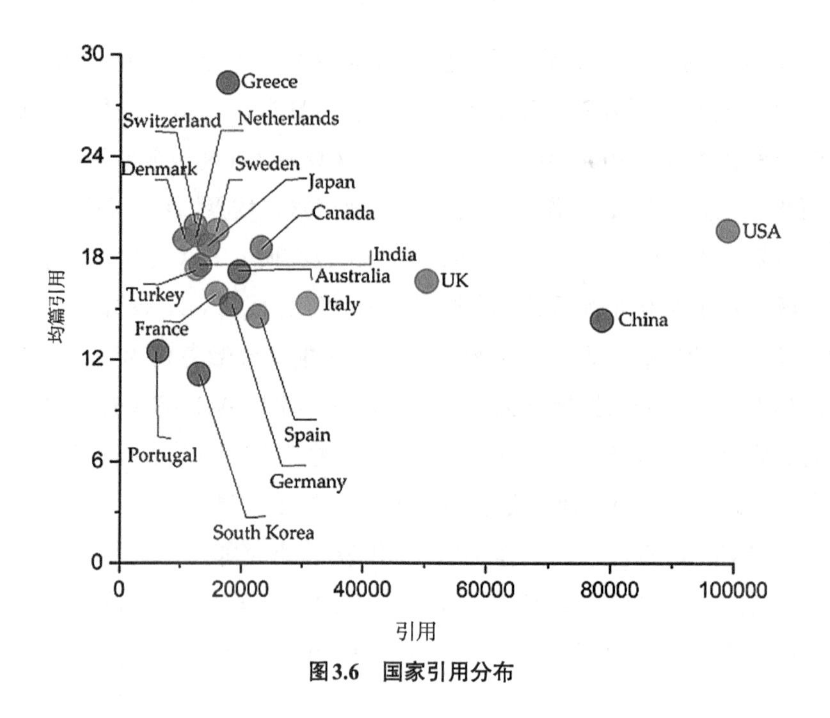

图3.6 国家引用分布

纵轴为平均引用频次，可以看出美国的引用次数最高，其次为中国、英国。从均篇引用看，希腊的均篇引用最高，表明希腊在建筑节能领域发表论文的平均水平较高。欧洲各国（瑞士、荷兰、丹麦、瑞典、土耳其、法国、葡萄牙、德国、西班牙、意大利）、亚洲各国（韩国、日本、印度）及澳大利亚、加拿大的引用与均篇引用相对比较集中，表明这些国家的研究实力相当。

3.3 建筑节能领域文献的来源分布分析

3.3.1 领域文献的来源机构分布分析

建筑节能领域的文献来源于全球11334个机构的研究，表3.5列出了发表文章数量在200篇及以上的17个机构。香港理工大学的发文数量位居第一，且大部分文章来自Dept Bldg Serv Engn学院，该学院拥有王盛衛、杨洪兴、Lee，Wai-Ling等一批著名学者；加州伯克利分校的引用及均篇引用最高，是领域学者关注的重点单位，其中劳伦斯国家实验室的环境能源技术部更是引领该领域发展的先锋单位；Concordia Univ大学虽发文篇数仅有216篇，但均篇引用却位居全球第二位，表明该大学亦是领域发展中的权威机构；H指数2005年由Jorge Hirsch教授提出，是指一段时间内一个作者、机构或期刊所发表的论文中至少有h篇文章的被引频次不低于h次，该指数是一个可用来衡量文章发表主体科研水平的混合量化指标。表中加州伯克利分校的H指数最高，有50篇论文的影响因子超过了50次，其次为香港理工大学，清华大学和香港城市大学并列第三，这几个机构的高水平论文最多，在国际上的研究实力最强。从机构所属的国家来看，这17个机构中有7个来自中国，有6个来自欧洲各国，2个来自美国，表明这几个国家在建筑节能领域的国际影响力较强。附表B给出了发文在100篇及以上的机构信息。

领域机构的文献属性信息分布 **表3.5**

序号	机构	篇数	引用	均篇引用	H指数	国家
1	Hong Kong Polytech Univ	533	10403	19.52	50	China
2	Tsinghua Univ	443	8839	19.95	46	China
3	Univ Calif Berkeley	433	12381	28.59	56	America
4	Chinese Acad Sci	367	7051	19.21	43	China
5	City Univ Hong Kong	360	8486	23.57	46	China
6	Tianjin Univ	255	3231	12.67	28	China
7	Natl Univ Singapore	244	4507	18.47	34	Singapore
8	Tech Univ Denmark	241	4930	20.46	38	Denmark
9	Univ Nottingham	241	3271	13.57	31	England
10	UCL	232	2945	12.69	28	England
11	Univ Cambridge	225	5266	23.40	36	England
12	Politecn Torino	217	3969	18.29	35	Italy
13	Concordia Univ	216	5212	24.13	40	Canada
14	Lawrence Berkeley Natl Lab	215	3087	14.36	29	America
15	Aalto Univ	206	3066	14.88	28	Finland
16	Chongqing Univ	200	2162	10.81	23	China
17	Tongji Univ	200	2531	12.66	24	China

根据文献发表所特有的属性，常为多位作者合作发表，因此作者所来源的机构之间也就存在合作的关系。利用VOSviewer软件，本节绘制了文献发文数量在100篇以上，机构总被引用频次在1500次以上的前50个机构的合作网络图如图3.7所示。从图3.7可以看出，建筑节能领域机构之间的合作甚为紧密，其中加州伯克利分校处于网络的绝对核心位置。机构之间连线的粗细反映了合作的密切程度，图3.7中加州伯克利分校与劳伦斯国家实验室、清华大学、南洋理工大学、同济大

学的连线最粗，表明加州伯克利与这几所学校的联系最为紧密；其次为香港理工大学与香港城市大学、华中科技大学、湖南大学、重庆大学、yonsei university之间的联系关系密切；再次为中国科学院与天津大学、清华大学、中科大、湖南大学、Georgia institution technology合作密切；此外，中科大与香港城市、中科院、University of Nottingham，Technology unviersity of denmark与Aalborg university、Politech torino，Eindhoven university technology与Katholieke university leuven之间的合作均非常紧密。图中机构的颜色反映了机构发表文章的平均年份，其中加州伯克利分校、香港理工大学、香港城市大学、Concordia university、Katholieke unviersity leuven节点颜色最深，表明这几所大学开展建筑节能研究最早，是领域内的老牌权威机构。

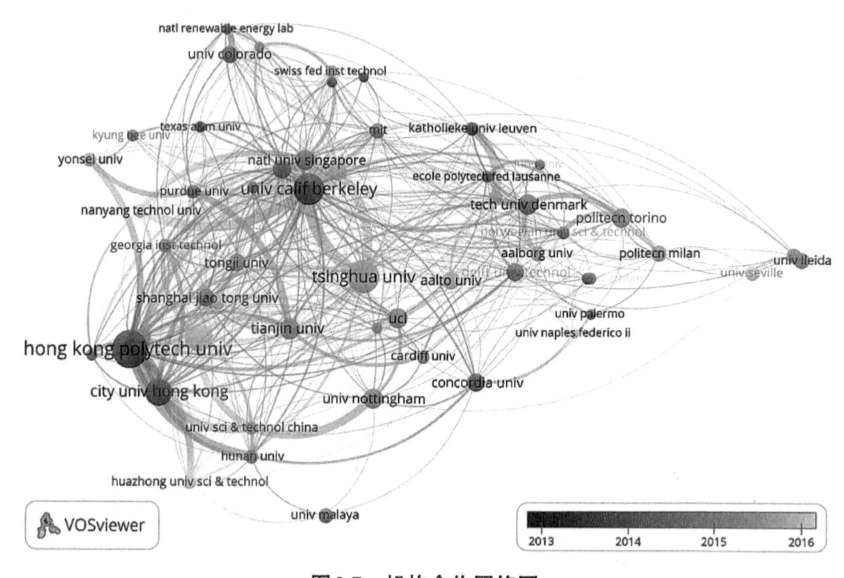

图3.7　机构合作网络图

3.3.2 领域文献的来源期刊分布分析

建筑节能领域这近3万篇文献总共分布在1753种期刊上，其中发文篇数在300篇及以上的期刊有15个，如图3.8所示。该气泡图横轴代表了各期刊发文篇数占领域总论文篇数的比例，纵轴代表各期刊的影响因子，气泡的大小则代表了各期刊的文章数量。由图来看，期刊Energy and Building具有绝对优势，总共发表了4958篇建筑节能论文，占到领域文章总数的16.8%，该期刊的影响因子为4.495，属于土木工程与建筑技术类的一区顶级期刊，并重点关注建筑能源的使用情况，与建筑节能领域完全吻合，是该领域关注的重点期刊；其次为Applied Energy，该刊共发表了1717篇与建筑节能相关的文献，占到领域总文献的5.8%，影响因子也高达8.426，主要发表能源的有效利用、能源过程的分析与优化、可持续能源系统等方面的研究；排名第三的为Building and Environment，共发表了1441篇文献，影响因子为4.82，包括了对建筑科学的热、声、视觉性能和舒适性、空气质量等方面的研究。从整体来看，绝大多数期刊的影响因子集中在3～7，其中影响因子最低的Sustainability为2.592，最高的Renewable & Sustainable Energy Reviews为10.556，表明建筑节能领域文章的质量水平普遍较高，这些优秀期刊上发表的文献引领了该领域的发展走向和未来的发展趋势。附录C给出了发文篇数在50次及以上的来源期刊。

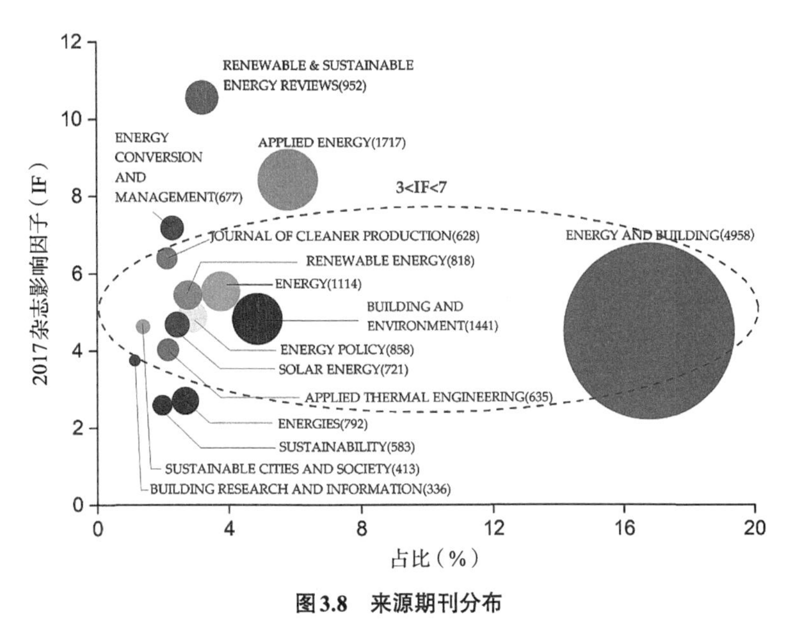

图3.8　来源期刊分布

表3.6从引用的角度分析了建筑节能领域的文献，给出了引用频次在5000次及以上的前12个期刊，并分析了期刊的均篇引用及H指数。从表3.6来看，Energy and Building期刊的被引用频次远远领先于其他期刊，是建筑节能领域所有学者关注的重要期刊，其次排在第二位和第三位的为Applied Energy和Building and Environment期刊；从各期刊的平均引用来看，期刊Solar Energy Materials and Solar Cells的均篇引用最高为35，该刊发表建筑节能相关的文献仅有207篇，但被引用频次却高达7246，表明该刊所发表的文章引领了太阳能技术在建筑能耗系统的应用，属于该细分领域的经典文献。排名第二位的为Renewable & Sustainable Energy

Reviews期刊，该刊属于可再生及可持续能源研究的综述类型期刊，对建筑节能领域的回顾与总结是学者了解领域发展所必须阅读的期刊；相较于期刊的影响因子，*H*指数能更加具体地从领域文章的引用来判断期刊在领域发展中所起的作用，从表3.6可以看出Energy and Buildings的*H*指数最高，其次为Building and Environment，并列第三的为Applied Energy和Renewable & Sustainable Energy Reviews，这从另一方面反映了这些期刊属于领域发展中需重点关注的主流核心期刊。

领域期刊的引用分布　　表3.6

期刊	引用	均篇引用	*H*指数
ENERGY AND BUILDING	105546	21.29	120
APPLIED ENERGY	37589	21.89	79
BUILDING AND ENVIRONMENT	34494	23.94	80
RENEWABLE & SUSTAINABLE ENERGY REVIEWS	31136	32.71	79
SOLAR ENERGY	18278	25.35	64
ENERGY	17907	16.07	57
ENERGY POLICY	17743	20.68	63
ENERGY CONVERSION AND MANAGEMENT	15072	22.26	54
RENEWABLE ENERGY	12056	14.74	50
APPLIED THERMAL ENGINEERING	9924	15.63	47
SOLAR ENERGY MATERIALS AND SOLAR CELLS	7246	35.00	39
BUILDING RESEARCH AND INFORMATION	5883	17.51	37

3.4 建筑节能领域文献的作者分布分析

3.4.1 领域作者数量及引用分布

作为当下的热门研究领域，建筑节能领域汇集了来自全球各国的优秀学者，大量学者在此领域发表自己的研究论文，截至2019年6月，本数据集中共有51672名学者合作撰写该领域的研究论文，为领域发展做出巨大贡献。因此统计建筑节能领域的作者分布，分析建筑节能领域的作者合作关系，对于进一步认识建筑节能领域的知识网络至关重要。在进行合作分析的第一步，统计分析中首先要进行作者信息的消歧，因为在导出的数据题录信息中，作者信息通常包括了简写和全称两种方式，如Hensen JLM和Hensen，Jan L. M，如果采用简写进行统计和合作网络构建的话，就会造成较为严重的失误。其中主要体现在亚洲学者的人名中，例如学者Zhang Y既包括了学者Zhang Yu，又包括了学者Zhang Yi，还包括了学者Zhang Yin，若以简称进行统计，则会造成将几个学者发表的文章归并为一个学者的成果，使得分析偏离实际。然而以简称进行学者分析仍是当下作者合作文献常用的方法，这主要是由两个方面的原因造成：一是WoS数据库下载的文本数据中作者信息就采用的简写形式；二是当下大多数文献计量软件，如HistCite、Citespace所进行的分析均为简写形式。因此，面对这一传统研究中的不足，本节采用作者的全称进行统计分析及网络构建。

作者发文数量的多少反映了作者在领域中的重要性，表3.7列举了建筑节能领域发表文章数量在50篇以上的前16位高产作者，其中来自西班牙的学者Cabeza Luisa f.发表了127篇文章，位居第一，该作者主要研究建筑节能中的相变材料及

作者发文数量及作者信息表 **表3.7**

排序	作者	发文数量	*H*指数	机构	国籍
1	Cabeza Luisa f.（Cabeza LF）	127	31	Univ Lleida	Spain
2	Santamouris Mattheos（Santamouris M）	114	40	Univ Athens	Greece
3	Wang Shengwei（Wang SW）	97	28	Hong Kong Polytech Univ	Peoples R China
4	Hong Tianzhen（Hong TZ）	83	24	Lawrence Berkeley Natl Lab	USA
5	Krarti Moncef（Krarti M）	72	18	Univ Colorado	USA
6	Kim Jeong tai（Kim JT）	71	17	Kyung Hee Univ	South Korea
7	Lam Joseph C（Lam JC）	69	32	City Univ Hong Kong	Peoples R China
8	Pisello anna laura（Pisello AL）	67	21	Univ Perugia	Italy
9	Wang r. z.（Wang RZ）	67	26	Shanghai Jiao Tong Univ	Peoples R China
10	Li Danny. H. W.（Li DHW）	65	30	City Univ Hong Kong	Peoples R China
11	Cotana franco（Cotana F）	59	20	Univ Perugia	Italy
12	Chow Tin-tai（Chow TT）	56	27	City Univ Hong Kong	Peoples R China
13	Hensen Jan L. M.（Hensen JLM）	54	21	Eindhoven Univ Technol	Netherlands
14	Svendsen Svend（Svendsen S）	52	18	Tech Univ Denmark	Denmark
15	Yan da（Yan D）	52	18	Tsinghua Univ	Peoples R China
16	Akbari Hashem（Akbari H）	51	25	Concordia Univ	Canada

热能存储；其次为来自希腊的学者Santamouris Mattheos，共发表了114篇文章，重点关注了被动式和主动式节能技术，该学者自1991年至今始终关注着领域的发展，是该领域的老牌学者。H指数在2005年由Jorge Hirsch教授提出，指一定时期发表文献至少有h篇被引次数不低于h次，这是衡量期刊、学者或机构高质量文献产出水平的混合量化指标。在表3.7中，学者Santamouris Mattheos、Cabeza Luisa f.与来自中国香港城市大学的学者Lam Joseph C、Li Danny. H. W.的H指数均在30以上，表明这四名学者是领域内具有高影响力的学者，其中学者Lam Joseph C、Li Danny. H. W.有将近一半的文章引用高于30，进一步说明了这两位学者在领域发展中所占据的重要位置。

作者的引用反映了作者在领域内的影响力。图3.9给出了建筑节能领域作者的引用分布图，其中坐标横轴代表了作者的引用数，纵轴代表了作者的H指数，节点的大小则反映了作者的发文数量。由此来看，学者Santamouris Mattheos的引用数最高为5471次，H指数最高为40，均位居第一；其次为学者Cabeza Luisa f和Akbari Hashem，分别为3893和3142。其他6位学者的引用数均集中在2000～3000，H指数最高的为学者Lam Joseph C和Li Danny H W，其中学者Sari Ahmet来自土耳其的Karadeniz Tech Univ大学，主要研究建筑材料中的热能存储问题；学者Jelle Bjorn Petter来自挪威的Norwegian Univ Sci & Technol NTNU大学，关注于建筑外围护结构的节能问题；学者Kalogirou Soteris A来自塞浦路斯Cyprus

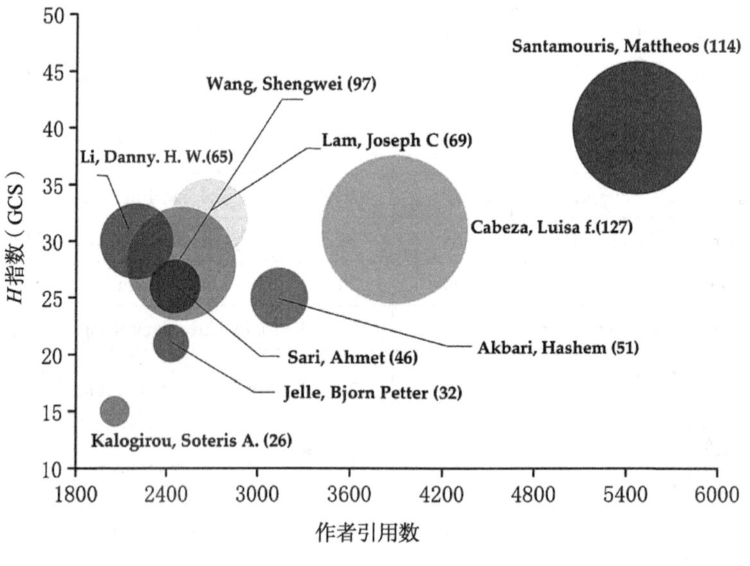

图3.9　作者引用分布

Univ Technol，重点关注能耗测量方法。在引用数最高的这前9篇文章中，有5个来自欧洲，表明欧洲在建筑节能领域具有举足轻重的地位。

文章是作者智慧的结晶，但在当下研究问题越来越趋于复杂，跨学科研究项目越来越多的情况下，单靠一个学者的智慧或一个领域的专家很难解决目前复杂和综合性的研究问题，因此学者之间的合作研究，共同发表文章的模式就变得越来越常见。建筑节能领域本就属于建筑学科与能源学科之间的跨学科领域，因此这种情况应该更为普遍，在本书所获取的29000多篇文献中，其中有2575篇文章由一位作者独著，占到全部文献比例的8.72%；有6290篇文章由2位作者合作撰写，占到全部文献的21.31%；有7565篇文章由3位学者合作完成，占到全部文献的25.63%；有5739篇文章由4位作者共同撰写，占到全部文献的19.44%；有7347篇文章由5个或5个以上的作者共同完成，占到领域全部文章的24.89%。由此作者合作数据来看，建筑节能领域的文章90%以上是由两个或两个以上的作者合作发表，这就为下一节合作网络的建立奠定了基础。

图3.10给出了不同时间阶段下不同作者合作模式下的文章数量。从图3.10来看，在1970年到1990年间，学术文章主要是由单个学者独自撰写发表的，这表明在建筑节能发展的初期，主要是学者思想的争锋时期，单个学者的学术力量占据主

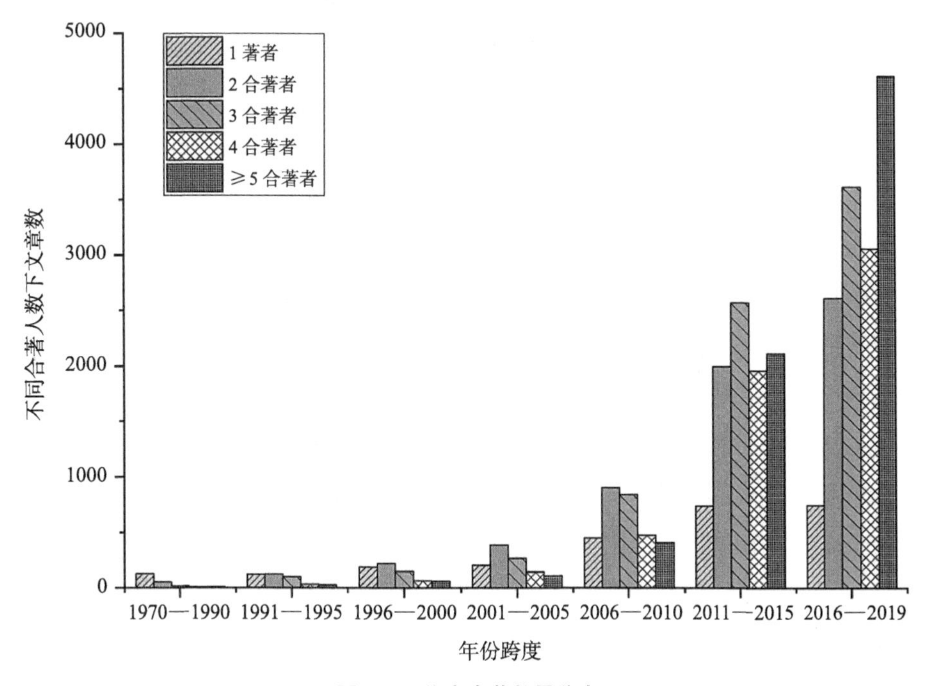

图3.10　作者合著数量分布

导地位。在此后的1991—1995年，两人合著或三人合著文章逐步增多，到1996—2000年，两人合著微弱高于独著，再到2001—2005年，两人合著与三人合著均高于个人独著文章。2006—2010年，两人合著与三个人合著均已明显高于个人独著，这说明这些年间，建筑节能领域的知识基础概念已经成型，学者逐步关注到更具体的问题，合作研究成为主流。2010年后，合作形式又发生了新的变化，2011—2015年三人合著模式的论文数量最多，而2016—2019年，5人或5人以上的合作模式更是成为主流，表明建筑节能领域在经过多年的发展之后，吸纳了更多学科的思想和方法，如物联网信息技术、计算机算法，研究朝着更加多元和智能化的方向发展。

3.4.2 领域作者合作网络分析

在当下的科学研究中，研究人员之间的共同合作已变得司空见惯，就如建筑节能领域，3.4.1节数据统计表明，建筑节能领域的文章90%以上都是由2个或2个以上的作者完成的，说明合作研究已是领域发展的基础，单靠个人很难再进行高质量的研究。建筑节能领域研究模式的形成，本书认为主要是有三个方面的原因：一是建筑节能领域的研究需要很多昂贵的设备和数据，而个人又很难获得，所以合作意愿加强；二是建筑节能领域属于跨学科研究，因此需要将建筑、能源、材料、计算机等学科的专家聚集起来才能解决领域中的前沿及具体问题；三是建筑节能是一个全球性的问题，不同国家、机构的学者都有自身研究的优势，因此通过相互之间的合作项目，不仅能提高科学知识的生产率，还可以对经济发展产生积极影响。在此基础上，作者合作关系的研究就显得尤为重要。

作者合作网络主要是通过文章中作者合著关系来构建，若一篇文章由两个或两个以上的作者共同发表，则表明这篇文章中的作者之间具有合作关系。VOSviewer是一款优秀的文献计量软件，在此采用该软件构建作者之间的合作网络。软件中分析类型选择Co-authorship，分析单元选择Authors，计算方法选择Full counting，下一步之后选择作者最小发表文献篇数为3，作者最小被引用频次为1的5579个作者构建引文网络如图3.11所示。选择最小发文篇数为3的作者，而不是以建筑节能领域全部51374个作者构建网络，主要是由于数据量过大，软件无法运行，并且发文篇数只有一两篇的作者属于网络的边缘学者，对于网络的属性没有较大影响。因此此处选择以这5579个学者来构建网络。

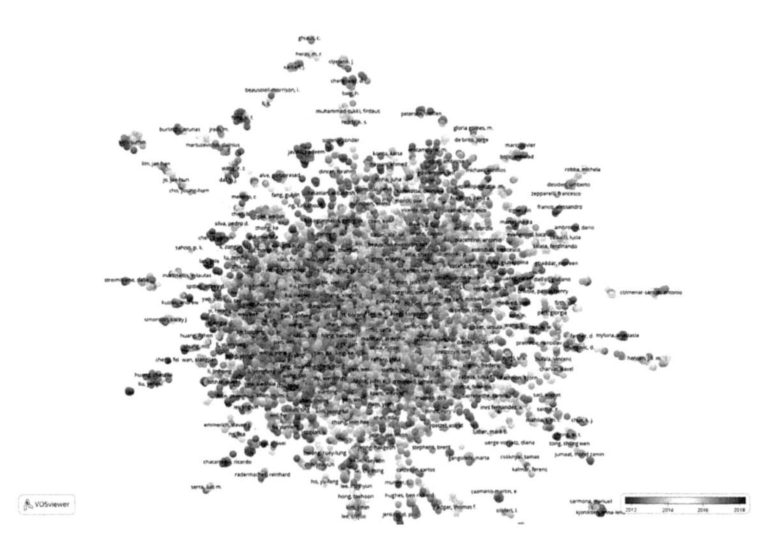

图3.11 作者合作网络图

图3.11展示了建筑节能领域作者合作的网络图，图中的每一个节点表示作者，节点和节点之间的联系则展示了建筑节能领域作者的合作关系。将VOSviewer软件生成的作者合作网络保存为.net文件，导入社会网络分析软件Pajek中，可知该合作网络中的作者节点数为5579，作者之间的联系为22808个，网络的平均密度为0.0011。建筑节能领域作者合作网络的其他指标如下：

（1）建筑节能领域作者合作网络的度分布

建筑节能领域的作者合作网络中，度是表示一个作者与该领域其他作者之间的合作数目，一个作者节点的度越大，则这个作者与领域其他作者的合作就越多。因此作者节点的度分布，则是指在不同度数下的作者数量所形成的分布。图3.12展示了建筑节能领域作者合作网络节点的度分布及其拟合曲线。从中可以看出，该合作网络接近幂函数（R^2 = 0.9411），拟合得到的度分布函数近似为$P(k)=59477x-2.729$，具有幂律分布的特点。节点度数与度分布关系的Log-log图如图3.13所示。从中可以看出lg$k$与log$p(k)$呈现出较好的线性对应关系，拟合所得的直线方程为$y=-6.7159x+281.96$，说明了建筑节能领域中作者的合作关系符合幂律衰减的模式。此外，该网络的平均度为6.17，表明网络中度数非常大的点是少数，大量节点的度数较小。

（2）网络其他参数指标

表3.8给出了除度分布以外的其他网络参数指标，其中作者合作网络的密度为0.0011，数值较低，主要是由于网络中节点的数目过于庞大。根据网络密度的计算

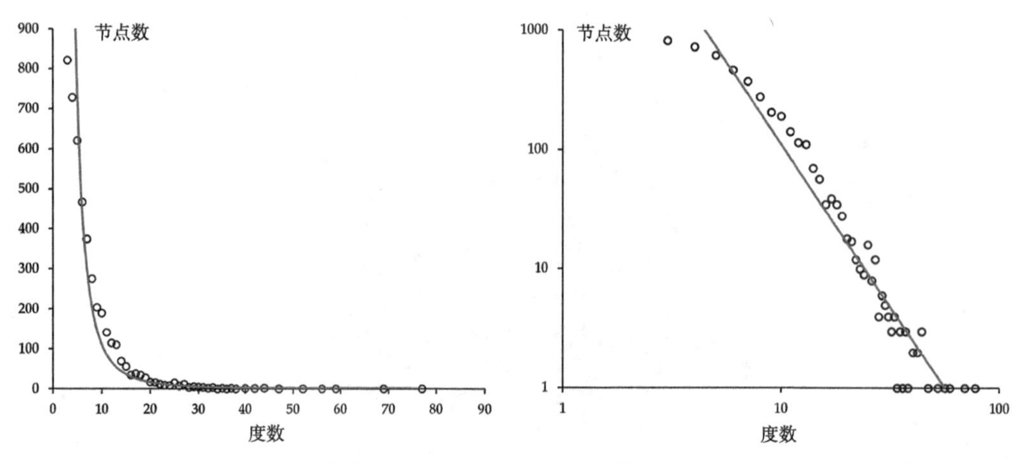

图3.12　节点度分布及曲线拟合　　　　图3.13　节点度分布Log-log图

公式 $d(G)=\dfrac{2L}{N(N-1)}$（N为网络节点数，L为网络实际连边数），可知在实际网络中节点的数目越多，则网络密度越小；网络的最短路径是指由一个节点到另一个节点所经历的最少边数，故而作者合作网络的平均最短路径为6.6726，表明建筑节能领域中任一作者平均最少只需经过与他合作的6位作者就可以与网络中的另外任一作者建立联系；聚类系数反映了网络中节点聚集在一起的程度，在社交网络中个体倾向于创建紧密结合的群体。建筑节能领域作者合作的聚类系数为0.355，与图书情报学、数学等学科相比聚类系数值相对较低，反映了建筑节能全领域中作者间的相互合作不是非常紧密。

作者合作基本网络参数信息　　**表3.8**

整体网络参数	参数值
平均度（Average Degree）	6.175659
网络密度（Density）	0.001107
平均最短路径（Average Distance）	6.67256
网络聚类系数（Clustering Coefficient）	0.355497

（3）合作网络的演化过程

建筑节能领域自1970年受到关注以来，随着时间的推移，越来越多的学者在此领域展开合作研究。本书探索了建筑节能领域作者合作的时间演化规律，将该领域分为7个时间段来分析作者合作的变化情况，分别为1970—1990年、1991—1995年、1996—2000年、2001—2005年、2006—2010年、2011—2015年和2016—2019年。图3.14展示了建筑节能领域这7个时间段及全时间段（1970—2019年）内作者合作的实际情况，可以看出起初作者之间的合作相当分散，多数为一个个的小团体合作，团体之间合作较少，然而随着领域的进一步发展，随着作者之间合作关系增多，在2006—2010年间出现了一个明显的合作聚类网络，到2011—2015年该网络已演化成一个占绝对主导的大型网络聚类群体，作者之间的合作关系日趋紧密，直到2016—2019年更多的作者合作关系被拉入最大的聚类网络，合作网络进一步扩张。表3.9显示了各时间段内作者合作实际网络中组件的参数信息，其中组件数代表了图中合作关系大于等于1的合作团体的数量，最大组件大小代表了网络图中最大作者团体的作者成员数，最大组件占比则反映了最大团体作者数占合作网络总作者数的比例。由表3.9也可以看出，随着领域的发展，文章数量的增多，作者合作团体越来越多，到2001—2005年达到629个，但随着合作关系的转移和增多，分散的小型团体数逐渐减少，而更多的作者被链接到最大的团体网络中。从最大组件占比也可以看出，建筑节能领域作者合作经历了从分散的个体或机构团体合作研究逐步扩展到跨组织跨国际的合作研究，合作网络越来越紧密，最终达到最大合作网络占到实际合作网络的72.51%。

各时间段作者合作网络的组件参数 **表3.9**

年份	1970—1990	1991—1995	1996—2000	2001—2005	2006—2010	2011—2015	2016—2019	1970—2019
组件数	159	304	450	629	466	435	355	459
最大组件大小	25	16	39	101	415	1986	3591	5579
最大组件占比	7.89%	2.02%	2.89%	4.53%	13.83%	37.42%	78.17%	72.51%

图3.14展示了全局合作网络中的最大组件—最大的作者合作子网的演化情况，表3.10则展示了该子网基本网络参数信息，可以看出随着时间的推移合作网络的规模不断扩大，从1970—1990年间25个作者的合作关系逐步扩大到2016—2019年间3591个作者的合作关系，且从图3.15来看，自2011年以后作者之间的合作越发趋于紧密，越是位于网络的中心部分，节点的度就越高，高密度的节点部分就越大。从表3.10来看，网络的联系从最早的113条增长到2016—2019年间的19867条，度中心性、网络密度、聚类系数也随着建筑节能领域作者合作网络的不断扩张而表现出下降的趋势。作者合作网络中的平均度为所有作者节点度的加和平均值，因此合作网络演化中平均度起伏变化主要是由于各时间段内进入的作者的联系所决定，若某一阶段新进入网络的都是联系较少的学者，则网络的平均度就会降低。平

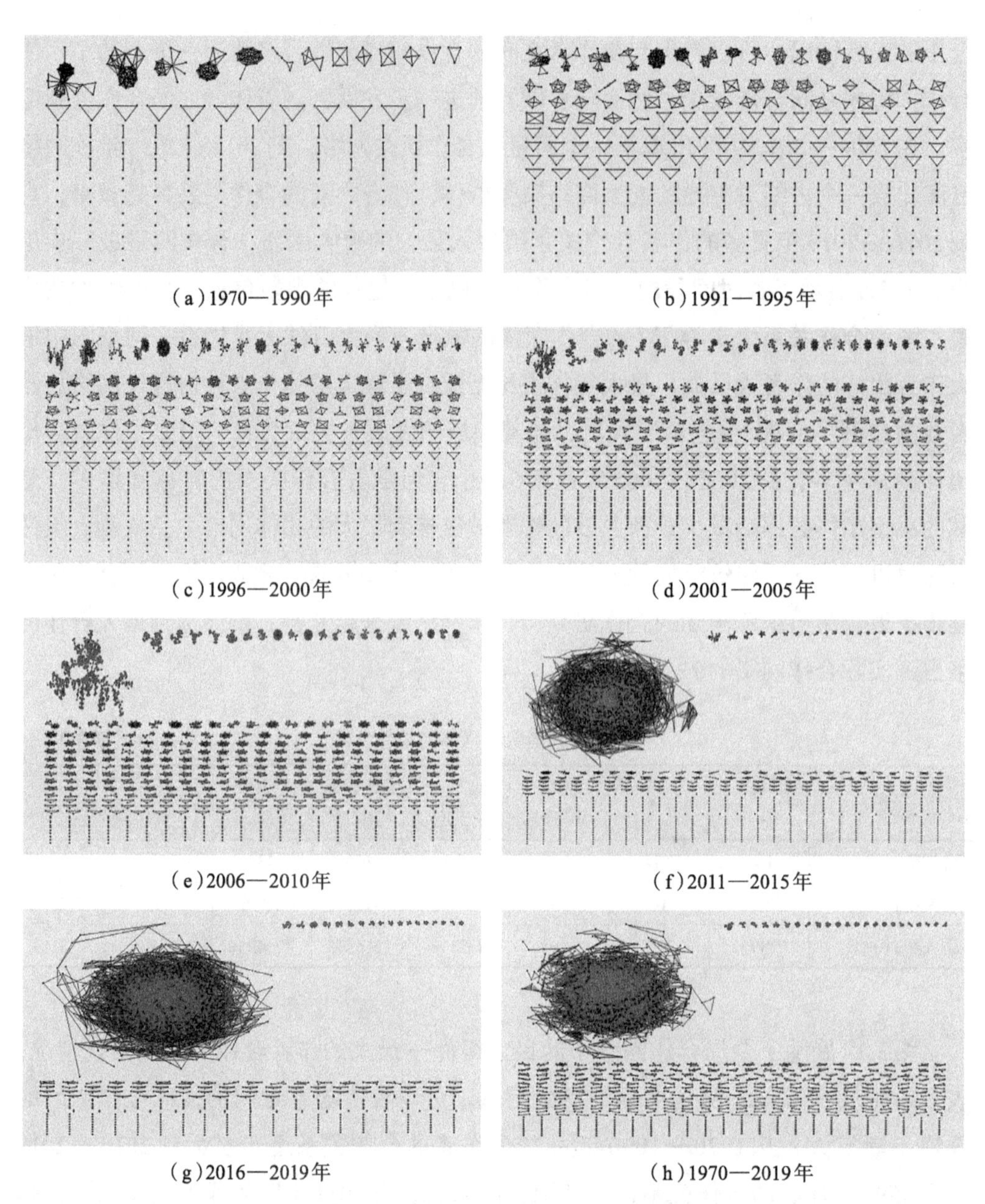

图3.14　全局合作网络演化图（包含全部组件）

均最短路径代表了从一个作者到网络中任意另一作者所经历的中间路径数，即通过多少个作者的合作可以将这两个作者联系起来。表3.10中1970—2005年两个任意作者平均只需经过1～4个中间作者就可以联系起来，而在2006—2010年间由于网络节点进一步增多而网络结构仍较为松散，平均需要经过11个作者才能联系，随着2011年以后网络规模的扩大及结构的紧密，平均最短路径又降为5～6个作者。

各时间段作者合作的网络参数 表3.10

整体网络参数	1970—1990	1991—1995	1996—2000	2001—2005	2006—2010	2011—2015	2016—2019
节点数	25	16	39	101	415	1986	3591
联系	113	65	198	375	1294	7770	19867
平均度	6.88	5.8750	8.0513	5.3861	4.2265	5.8228	9.0638
度中心性	0.6395	0.5429	0.3037	0.3123	0.0359	0.0208	0.0345
网络密度	0.2867	0.3917	0.2119	0.0539	0.0102	0.0029	0.0025
平均最短路径	1.8833	1.6750	2.9865	3.6230	10.7187	6.4019	4.9637
网络聚类系数	0.7433	0.7025	0.8877	0.5293	0.5390	0.3848	0.2043

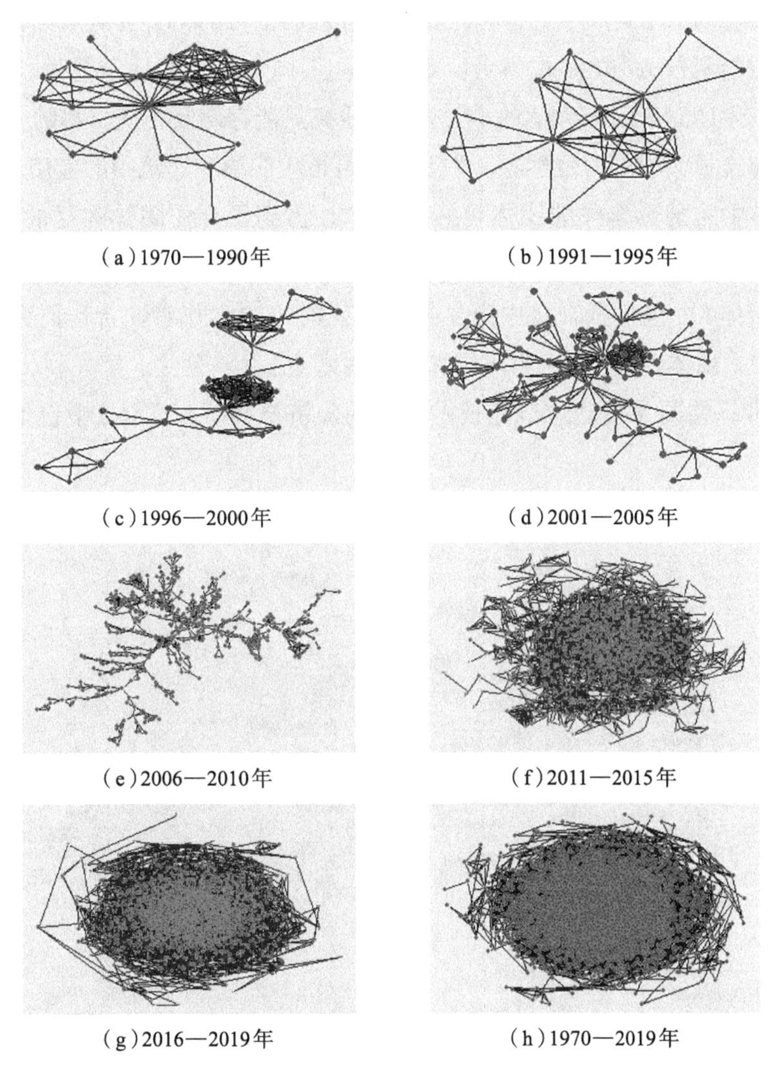
(a)1970—1990年　(b)1991—1995年
(c)1996—2000年　(d)2001—2005年
(e)2006—2010年　(f)2011—2015年
(g)2016—2019年　(h)1970—2019年

图3.15　最大组件作者合作网络演化图

3.4.3 领域重要作者节点分析

上述所建立的作者合作网络展示了全领域作者的情况，但网络中关键作者的合作关系无法清楚地展现，在此本节选取作者发表文章数量在30篇以上，同时作者被引用频次在450次以上的前120个作者节点构建高频作者的合作网络，如图3.16所示。图3.16中这120个作者被划分为17个合作小团体，其中每个团体具体的作者信息可在附表E中查看，包括了团体编号、作者姓名、作者机构和所属国家。由附表E可知，属于建筑节能领域国内不同机构作者合作的团体包括4个，其中团体5包括来自香港理工大学、香港城市大学、华中科技大学、南方科技大学、中国科学技术大学的10位学者，主要关注建筑制冷问题；团体12包括来自香港城市大学、西安建筑科技大学的5位学者，重点关注不同气候下的建筑能效；团体16包括来自西班牙Univ Lleida大学的4位学者，研究热能存储及相变材料的应用；团体17包括上海交通大学的两位学者，主要研究可再生能源在建筑中的应用。

图3.16中跨国际合作的团体包括了13个，占到了合作团体数量的绝大部分，可见建筑节能领域的国际合作与交流非常频繁，这对领域的发展起到了巨大的推动作用。团体1中包含了来自中国、美国和英国的12名作者，合作研究建筑中的热绝缘问题；团体2中包括来自美国和欧洲国家（芬兰、荷兰、意大利、爱沙尼亚）的11位学者，共同关注建筑节能技术应用的经济学分析；团体3中包括来自美国

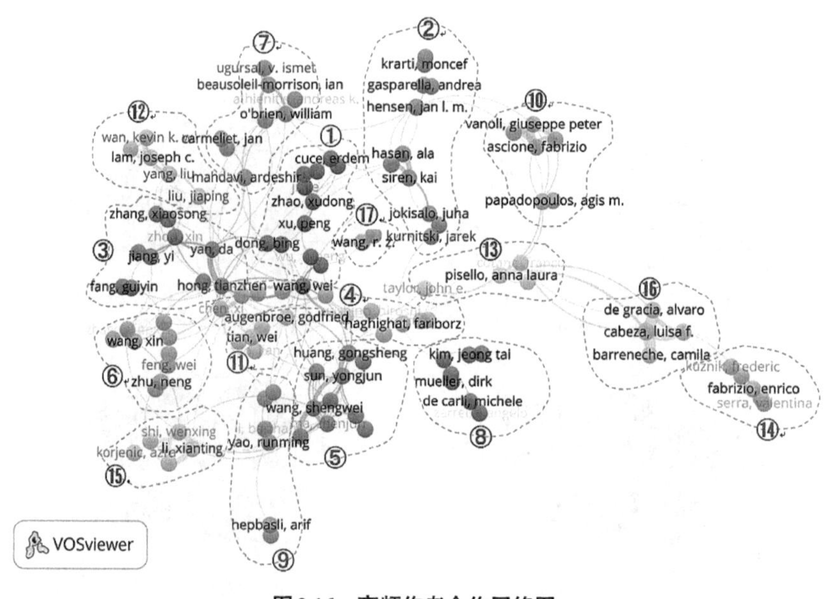

图3.16 高频作者合作网络图

和中国的10位学者，主要关注居住者行为问题；团体4 包含了从加拿大、中国和日本来的学者，专注于光伏系统的应用；团体6有9位学者，分别来自中国、丹麦和美国，关注相变材料性能；团体7是加拿大、荷兰和澳大利亚的8名学者合作，专注于使用者感知行为研究；团体8包括来自亚洲（韩国、日本）和欧洲（意大利、丹麦、德国）的7位学者，研究建筑节能中的热性能分析；团体9有6位学者，来自美国、英国、加拿大、土耳其和中国，重点关注建筑的能源效率；团体10有6名来自欧洲（意大利、希腊）的学者，合作非常紧密，共同研究能耗预测问题；团体11为来自中国、美国、澳大利亚和英国的学者，重点展开能耗评估研究；团体13为来自意大利、美国和中国的学者，关注于建筑围护结构的节能问题；团体14有6名欧洲学者，研究相变材料；团体15为来自中国和澳大利亚的学者，关注于热泵系统的研究。

以上内容分析了发文篇数及被引频次较高的120个学者，是从数量角度研究了网络中的重要作者节点，但在合作网络中位于中心位置的核心作者同样也值得重点关注，因为这些学者与网络中其他学者之间的联系最多，若去掉这些核心节点，网络也将变得分散。因此，本节使用三种网络中心性指标来衡量这些关键作者节点，分别为度中心性、中介中心性和接近中心性。其中度中心性是刻画节点中心性的最直接度量，与作者节点的度值相等；接近中心性是用来表示节点之间的相似程度；而中介中心性是指经过某个节点的最短路径的数目，这三个指标通常都可以用于反映节点是否处于网络的核心位置。在此将上一节所建立的建筑节能全领域作者合作网络导入Pajek软件中，利用软件中的Network-Create Vector-Centrality-Degree（Closeness/Betweenness）分别计算领域作者的三种中心性指标，最终从网络角度提取了建筑节能领域的重要作者，具体如表3.11所示，其中每个指标都展示了指标数值排名在前10位的学者。

合作网络作者中心性列表 **表3.11**

度中心性		接近中心性		中介中心性	
作者	值	作者	值	作者	值
cabeza luisa f.	77	hong tianzhen	0.245219	hong tianzhen	0.109390
hong tianzhen	69	yan da	0.232688	haghighat fariborz	0.063085
yan da	59	haghighat fariborz	0.22425	pisello anna laura	0.054113
pisello anna laura	56	tian wei	0.222755	cabeza luisa f.	0.047036
cotana franco	47	huang gongsheng	0.220152	yan da	0.033805

续表

度中心性		接近中心性		中介中心性	
作者	值	作者	值	作者	值
haghighat fariborz	44	pisello anna laura	0.219805	hensen jan l. m.	0.025784
xu peng	44	chen jiayu	0.218642	feng wei	0.024490
zhao xudong	44	wetter michael	0.218591	santamouris mattheos	0.022815
ji jie	42	yoshino hiroshi	0.218428	zhao xudong	0.022060
jiang yi	42	li cheng	0.218291	wang shengwei	0.021617

表3.11中，有多名学者在这三种网络中心性中都位居前十。首先是来自美国劳伦斯国家实验室的洪天真博士，其在三种网络中心性中都位居前列，主要致力于建筑能源建模及仿真研究，是领域内的核心人物；其次为来自清华大学的燕达教授，与多个国家的学者都有合作，重点研究建筑中人行为模拟、建筑能耗模拟软件DeST的开发、能耗标准的制定等方面；来自意大利的Pisello Anna Laura教授同样也是领域中的重要学者，她的研究涉及建筑围护结构、城市热岛及热能动态模拟问题；还有来自加拿大的Haghighat Fariborz教授，主要关注室内环境质量研究。此外，来自西班牙的Cabeza Luisa F.教授在两种中心性指标中位居第一，她主要研究建筑节能材料的发展；其次为来自英国赫尔大学的赵旭东教授，重点研究可再生能源和能源效率技术在建筑领域的应用问题。列表中在三种中心性指标中出现一次的学者也同样是建筑节能领域的重要学者，例如清华大学的江亿教授，香港城市大学的黄公胜教授、王盛衛教授，荷兰艾恩德霍芬大学的Hensen Jan L. M.教授等。

3.5 小结

文献是知识的载体，而文献所属的作者、机构、期刊和国家等则是构成文献的基础信息，因此本章从文献数量和引用的分布来直观挖掘建筑节能领域文献的基础知识。获取文献数据是知识挖掘的第一步，本章3.1节首先设计了文献数据的采集方案，同时为了尽可能完整地获取建筑节能领域的文献，提出了“三步法”来确定检索领域术语词，最终在清除杂质文献后获得了29580条文献计量数据。基于最终下载的文本格式数据，利用Histcite和VOSviewer软件展开领域的基础知识挖掘如下：

（1）从领域文献数量的历年分布来看，建筑节能领域经历了出现（1970—1990年）、发酵（1991—2005年）和腾飞（2006—2018年）三个阶段，且2010年至今一直呈高速发展状态，符合普赖斯发现的科学知识增长的自然规律，至今仍处于领域发展的黄金时期；从领域文献的历年引用频次来看，整体呈现波动上升后平稳再下降的趋势。领域中被引用最高的一篇文章是西班牙学者Perez-Lombard L所发表的文章《A review on buildings energy consumption information》，截至2019年6月共被引用了2188次；从文献数量的国家分布来看，中国和美国的发文数量最多，英国位居第三，其次是意大利、西班牙和加拿大，该六国发表的总文章数占到建筑节能领域全部文章数的61.96%；从国际合作关系来看，美国—中国—英国之间的合作最为紧密，且美国、日本、印度、英国、希腊、法国是最早开展建筑节能研究的国家；从各国的引用分布来看，美国的引用频次最高，其次为中国、英国。希腊的均篇引用最高，表明希腊在建筑节能领域发表论文的平均水平较高。

（2）从文献来源的机构来看，香港理工大学的发文数量位居第一，且大部分文章出自Dept Bldg Serv Engn学院，该学院拥有王盛衛、杨洪兴、Lee Wai-Ling等一批著名学者。加州伯克利分校的引用及均篇引用最高，是领域学者关注的重点单位，其中劳伦斯国家实验室的环境能源技术部更是引领该领域发展的先锋单位。加州伯克利分校的*H*指数最高，其次为香港理工大学，清华大学和香港城市大学并列第三；从机构之间的合作网络来看，加州伯克利分校处于网络的绝对核心位置，且与劳伦斯国家实验室、清华大学、南洋理工大学、同济大学合作最为紧密。此外，加州伯克利分校、香港理工大学、香港城市大学是最早开展建筑节能研究的机构，是领域内的老牌权威机构；从文献来源的期刊来看，Energy and Building具有绝对优势，属于土木工程与建筑技术类的一区top期刊，发文数量及引用频次均远高于之后的Applied Energy和Building and Environment；从*H*指数来看，Energy and Building的*H*指数最高，其次为Building and Environment，并列第三的为Applied Energy和Renewable & Sustainable Energy Review，反映了这些期刊是领域发展中需重点关注的主流期刊。

（3）从作者的发文数量来看，来自西班牙的学者Cabeza Luisa f.位居第一，其次为来自希腊的学者Santamouris Mattheos，该学者自1991年开始一直深耕于此，是该领域的老牌学者。从引用频次来看，学者Santamouris Mattheos的引用最高。从*H*指数来看，学者Santamouris Mattheos、Cabeza Luisa f.与来自香港城市大学的学者Lam Joseph C、Li Danny. H. W.的*H*指数均在30以上，表明这四位学者是领域内最具影响力的学者；从作者合作来看，随着领域的一步步发展，越来越多的学者被拉入合作网络中，任一作者平均最少只需经过6位作者就可与网络中的另外任一作者建立联系。此外高被引用、高发文数量的作者合作网络可被划分为16个合作团体，其中跨国交流是合作的主要形式；从网络中心性来看，美国劳伦斯国家实验室的洪天真博士在三种网络中心性中都位居前列，其次为清华大学的燕达教授，与多个国家的学者都有合作，此外意大利的Pisello anna laura教授、加拿大的Haghighat fariborz教授、西班牙的Cabeza luisa f.教授、英国赫尔大学的赵旭东教授同样也是领域中的重要学者。

4

建筑节能领域知识结构的划分

从建筑节能领域文献的角度研究领域的知识结构，就需要利用科学计量学中的方法。共被引网络分析是科学计量学中常用的进行学科领域知识结构划分的方法。本章节利用此方法，根据参考文献之间的共被引关系所形成的聚类，从文献的角度进行了建筑节能领域的知识结构划分，并进一步分析了建筑节能领域各知识域的研究内容。

4.1 理论基础

4.1.1 共被引网络理论

共被引网络分析在1973年由Small H.提出，是科学计量学领域常用的一种文献计量方法。若两篇或两篇以上的论文同时被其他学术论文所引用，且这两篇论文同时被引用的频率越高，则这两篇学术论文之间的研究相关性就越强。从知识发展的角度来说，由于科学文献是通过引用较早期的学术论文而创建的，因此共被引网络提供了学科领域的知识基础，具体来说，两篇文章共被引的频率和模式提供了知识领域的线索，因为文章之间较大的共同引用频率表示更强的知识关系，多篇高度共同引用的文章集合代表集体知识，并且一个领域中文章之间的共被引关系可以构建共被引网络，根据网络的聚类特性，又可将领域划分为不同的几个聚类，而这不同的聚类又代表不同的知识结构。因此，共被引分析可以被用来识别知识基础和划分领域的核心知识结构。虽然共被引分析包括了文献共被引、期刊共被引、作者共被引等几种不同的形式，但本研究目的在于探索领域的知识结构，而唯一能代表知识研究内容的是文章，因此本书使用文献共被引分析来探索建筑节能领域的知识结构。

共被引分析涉及的引文也就是文章中参考文献之间的相互联系，并且这种联系的强弱可用来突出表达两篇文章内容间的相似性。若两篇参考文献在多个文章中共同被引用，则这种联系就越强，并且多个参考文献存在的共同引用的关系越多，则这种联系就越多，进而基于这种联系就可构成参考文献之间的共被引网络。图3.1用一个考虑5篇文章参考文献联系的示例来说明网络的构建过程。从说明表格中可以看出这5篇文章每篇都包含6篇参考文献，故每篇文章的6篇参考文献相互之间都具有共被引联系，如参考文献1和参考文献2在文章1中共同被引用，则这两篇参考文献存在边线，以此类推可建立如图4.1所示的共被引网络，其中边线上的数值代表了两篇文章的共被引频次，例如参考文献3与参考文献4共同出现在文章1、文章2和文章4中，说明这两篇参考文献的共被引频率为3。此外根据表还可统计每篇参考文献节点的被引频次，例如参考文献节点6在这5篇文章中出现了5次，故共被引网络图可展示三种重要的文献节点信息，即文献的网络联系、共被引频率及单个参考文献的被引频次。

文章1	文章2	文章3	文章4	文章5
参考文献R1	参考文献R2	参考文献R3	参考文献R1	参考文献R4
参考文献R2	参考文献R8	参考文献R2	参考文献R8	参考文献R8
参考文献R3	参考文献R3	参考文献R5	参考文献R4	参考文献R5
参考文献R4	参考文献R4	参考文献R1	参考文献R6	参考文献R7
参考文献R5	参考文献R7	参考文献R7	参考文献R3	参考文献R6
参考文献R6	参考文献R6	参考文献R6	参考文献R7	参考文献R1

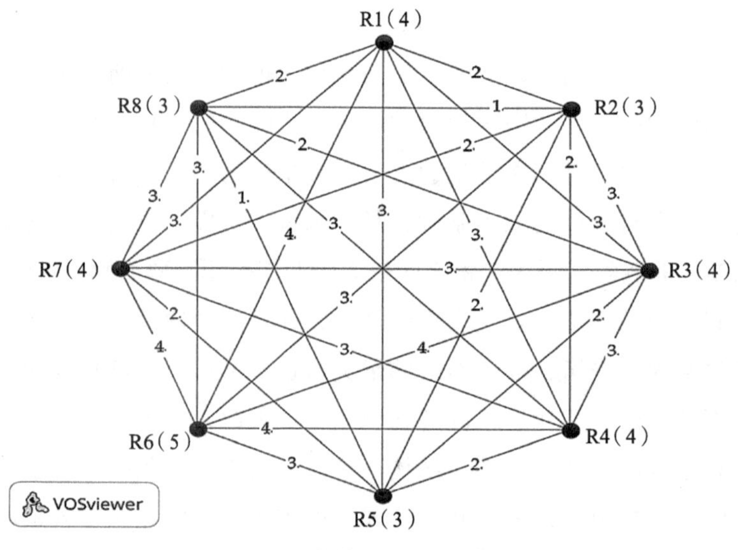

图4.1　共被引网络构建示例

共引分析基于引文的相关性，引文是科学传播的可靠指标，可用于衡量作者、出版物、机构、领域和整个学科的相互作用和影响。通过引用，研究人员可以将其他研究中的知识纳入他们自己的研究中，故而共被引网络分析目前已被应用于多个学科领域的知识结构分析，且在建筑与能源学科亦有所应用。Luo T利用共被引分析方法探索低碳建筑领域的知识结构，识别出该领域具有五个重要的子领域；Trianni A调查了国际期刊Energy Efficiency的引文结构，指出该刊重点关注了能源效率问题、政策与激励措施、企业能源效率、消费者行为等子方向；Liu XJ则从文献数据挖掘与分析的角度划分了绿色建筑领域的子方向，包括了绿色建筑的全寿命周期评估、评估工具、室内环境质量及建造的障碍与驱动等子方向；此外，共引分析技术还应用在建筑信息模型、智慧城市、可替代能源、可再生能源、生物质能等领域的知识结构挖掘研究中。然而，截至目前，还鲜少有学者利用共引分析技术分析整个建筑节能领域的知识结构，因此本节在此利用共引网络分析方法，采用Vosviewer技术探索建筑节能领域的知识发展。

4.1.2 网络基本参数指标

在科学计量领域，本书所研究的包括共被引网络在内的三种知识网络均是复杂网络的一种具体形式，复杂网络的一些基本结构参数指标也经常被加以应用，例如对于作者合作网络的研究，就是典型的社会网络分析研究。然而对于以下几个章节的知识网络，节点本身就是知识的载体，故而这几种网络针对知识节点的分析和挖掘就以对网络整体的分析更加重要，因为本书就是通过对建筑节能领域文献信息的挖掘来探索领域知识的发展和变迁。因此，本章节主要介绍与节点属性有关的基本网络参数指标，主要包括节点的度和三种中心性指标。

（1）共被引网络中节点的度

在本章建筑节能领域的共被引网络中，网络的节点表示建筑节能领域的参考文献，参考文献节点的度表示与该参考文献共同被引用的其他参考文献的数目，文献节点的度值越大，则该参考文献与其他参考文献的联系就越强。

（2）共被引网络中的度中心性

共被引网络中的度中心性能够反映建筑节能领域参考文献节点在领域中的影响力。若参考文献节点的度值越大，则该参考文献节点的网络中心性越高，则更有可能位于网络中的关键位置。参考文献节点度值越小，则网络中心性越低，则很可能位于网络的边缘位置。节点度中心性与节点的度值相等，公式如下：

$$R(i)=r(i)$$

式中，$R(i)$表示参考文献节点i的度中心性，$r(i)$表示参考文献节点的度。

(3)共被引网络中的中介中心性

共被引网络中的参考文献节点的中介中心性是以某一参考文献节点所连接的最短连边数量的比值来反映该文献节点影响力的指标。若一个节点在连接多个节点的最短路径上，则该节点对这多个节点具有控制作用，若该节点缺失，则这些节点或无法联系。节点的中介中心性越高，则节点在网络中的影响力也同样越强，对全局网络的沟通也就越具控制能力。BC的数学表达式如下：

$$BC(i)=\sum_{i\neq x,i\neq n}\frac{t_{xy}(i)}{t_{xy}}$$

式中，t_{xy}表示参考文献节点x到参考文献节点y所经过的最短路径的数量，$t_{xy}(i)$则是参考文献节点x在到达参考文献节点y时经过参考文献节点i的最短路径的数量。因此$BC(i)$定义为经过节点i的路径与$x-y$最短路径的比值的总和。中介中心性主要强调节点在其他节点之间的调节能力，如控制能力指数及中介调节效应。

(4)共被引网络中的接近中心性

共被引网络中的接近中心性是用来判断参考文献节点之间的距离，若一个参考文献节点与他所相连的其他参考文献节点之间的平均距离非常短，则这个节点被认为是位于网络的关键位置。因此接近中心性是根据计算节点的整体网络紧密度来近似评估节点的影响力。CC的具体公式表达如下：

$$CC(i)=\frac{Y-1}{\sum_{x=1}^{Y}d(i,x)}$$

式中，$d(i,x)$表示从参考文献节点i到参考文献节点x的路径长度，Y为共被引网络的总参考文献节点数目。

4.2 建筑节能领域共被引网络分析

4.2.1 共被引网络的聚类算法

以被引文献为对象所构建的共被引网络能够反映建筑节能领域的知识基础，因此针对文献共被引网络的聚类划分能够代表建筑节能领域的知识结构。网络的聚类划分有很多种不同的算法，本书采用Vosviewer软件自有的聚类算法来构建建筑节能领域共被引网络的聚类视图。VOSviewer是莱顿大学科学技术研究中心（CWTS）

的Van Eck和Waltman教授所开发的一款用于构建和可视化知识网络的软件工具。它使用了VOS映射技术，该技术是将文献网络置于二维平面中，用文献节点之间的距离来反映研究对象的相似性和相关性，以实现聚类化的结构图谱。因此许多学者选择此软件作为知识结构分析的计量工具，具体过程包含了三个步骤：第一步，利用参考文献之间的共被引关系来计算引用矩阵；在第二步，将Vos映射技术与共被引引用矩阵相结合来建立网络视图；第三步，基于网络节点密度与距离进行聚类。详细算法如下：

（1）共被引矩阵

VOS映射技术需要共被引矩阵作为输入，因此首先要建立建筑节能领域的文献共被引矩阵，并通过对共被引矩阵的归一化处理来获得相似性矩阵。目前针对共被引频次的归一化处理最流行的相似性度量是余弦和Jaccard指数，然而该软件并没有使用这两种度量方式，而是采用邻近指数度量。公式如下：

$$s_{ij}=\frac{c_{ij}}{w_i w_j}$$

式中，c_{ij}表示参考文献i和j之间的共被引频次，w_i表示参考文献i的总被引频次，w_j表示参考文献j的总被引频次。可以发现，文献i和j之间的连接强度与两者之间的共被引频次成正比。

（2）VOS映射技术

VOS映射技术建立在相似性矩阵的基础上，设n表示要映射的文献数，在构建二维映射时，文献1，2，…，n的位置必须能够反映任何一组共被引文献i和j的相关性。越高相似度的文献，其之间的距离应该越近，而具有低相似度的文献的距离应该较远。因此如果两个文献研究内容的相关性越高，则这两篇文献距离的加和权重值就越高，具体的最小化的目标函数由下式给出：

$$\mathrm{V}(x_1, x_2, \cdots, x_n)=\sum_{i<j} s_{ij}\,\| x_i - x_j \|^2$$

其中向量$x_i=(x_{i1}, x_{i2})$表示文献i在二维地图中的位置，‖·‖表示欧几里得范数。根据约束执行目标函数的最小化，即为防止文献重叠，强制要求两篇文献之间的平均距离必须等于1，公式如下：

$$\frac{2}{n(n-1)}\sum_{i<j}\| x_i - x_j \|=1$$

此约束优化问题可首先转为无约束优化问题，然后使用被称为majorization的算法来解决无约束优化问题，该算法是多维缩放研究中所描述的SMACOF算法的变体。为了增加找到全局最优解的可能性，可每次通过使用不同的随机生成的初始解来多次运行majorization算法。

（3）聚类技术实现

在此首先讨论密度视图的实现，设$\bar{d}$表示两个文献之间的平均距离，即

$$\bar{d}=\frac{2}{n(n-1)}\sum_{i<j}\|x_i-x_j\|$$

那么文献$X=(x_1,\ x_2)$的节点密度$D(x)$可以被定义为：

$$D(x)=\sum_{i=1}^{n}w_iK\left(\|x-x_i\|/(\bar{d}p)\right)$$

式中，K：$[0,\ \infty)\rightarrow[0,\ \infty)$被用来表示核函数，式中的$p>0$是表示核宽度的因素。此外$w_i$被定义为参考文献$i$的权重，即文献$i$的总被引频次。核函数$K$不能增加，且使用的给定的高斯核函数为：

$$K(t)=exp(-t^2)$$

由$D(x)$公式来看，文献密度取决于相邻文献的数量和这些文献的权重。若相邻文献的数量越大，这些文献之间的距离越短，则文献的密度越高。

接下来我们可以考虑共被引网络的聚类，根据网络密度视图为每个聚类单独计算文献的节点密度。则聚类p中节点x的项密度$D_p(x)$可以定义为：

$$D_p(x)=\sum_{i=1}^{n}I_p(i)w_iK\left(\|x-x_i\|/(\bar{d}h)\right)$$

式中，$I_p(i)$表示指标函数，K为上式所给出的高斯核函数，进而可计算$D_p(x)$值，并根据项密度来确定文献节点所属的聚类，并通过不同颜色来展示共被引网络的不同聚类。

4.2.2 建筑节能领域引文数据消歧

文献共被引关系主要是通过参考文献即引文来判断的。在Web of Science下载的文献题录数据中，参考文献的格式包括了六个部分，分别是作者简写、年份、发表期刊、卷期号、页码和DOI号，即判断某篇参考文献在领域文章中被引的频次，其实质上就是判断代表这篇引文的完整六部分格式在领域全部参考文献中出现了多少次。然而在实际的题录信息中，常常因为数据库的原因或某些人工处理的原因使得参考文献的引文格式出现缺失，这样在统计共被引时，由于文献格式缺失导致

算法无法识别，从而进一步导致对共被引频次的误判。因此，在构建建筑节能领域的共被引网络时，首先要进行引文（参考文献）格式的消歧和标准化，具体使用CRExplorer软件来实现。

CRExplorer软件是普赖斯奖获得者Loet Leydesdorff教授和科学计量领域知名学者Lutz Bornmann教授、Werner Marx教授、Andreas Thor教授在2016年共同开发的一款可用于引文出版年光谱（Reference publication year spectroscopy，RPYS）分析的软件，该软件的主要功能是通过分析引文的年度波动规律来探寻一个学科领域的历史发展根源。此外，它还有一个重要功能是能够查询与合并作者名字、期刊、卷期号等简写不同或字母书写错误的引文格式，并统一使所有的参考文献都包含相应的DOI号码，实现数据格式的标准化和统一化。将建筑节能领域数据导入CRExplorer软件中，分以下两步完成引文的消歧工作：

（1）歧义数据查找

在CRExplorer软件界面上的Disambiguation功能下选择Cluster equivalent Cited References选项，该功能可罗列近似格式的参考文献，然后将格式的近似匹配程度调至80～90，并选择page作为进一步判断参考文献格式相似度的依据，即可得参考文献格式的相似性列表如图4.2所示，其中在列表中主要考察3个指标：CR是文章的引文格式，可以让学者人工判断是否是同一篇引文；CID_S是将高度相似的文献格式归为一类；CID2是用于指出哪几篇文献格式归属于同一个类中。按CID2和CID_S排序后可看出相似格式的参考文献都聚在一起，如图4.2中的文献Rijal HB，2007，一共有4种参考文献的变体；文献Perez-Lombard L，2008也有4种参考文献的变体，可以看出这不同的文献格式会严重影响共被引关系的构建。

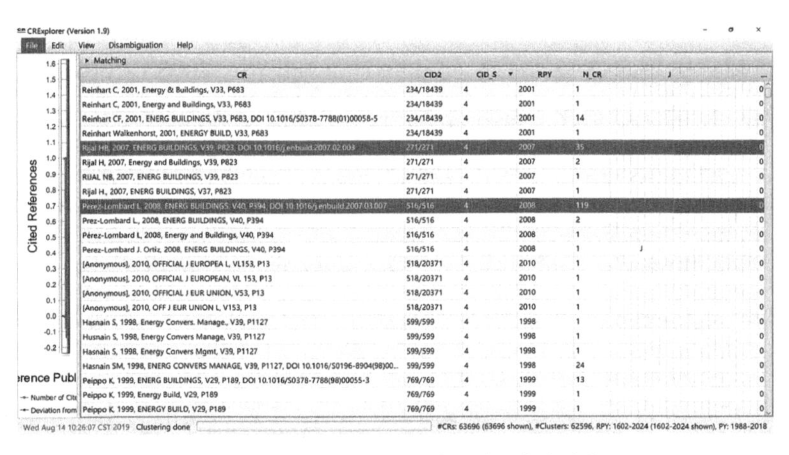

图4.2 CRExplorer软件歧义引文查询功能

（2）歧义数据的标准化合并

在利用CRExplorer软件查询参考文献的近似格式的基础上，需人工对一些软件判断存在误差的文献格式利用软件界面的Same、Different、Extract、Undo功能多次手动进行引文格式的聚类和分离操作。在引文格式聚类检查无误后，最终利用Disambiguation下的Merge clustered Cited References选项进行参考文献格式的合并工作。如图4.3所示的参考文献Perez-Lombard L，2008，利用软件的合并功能已将4种不同的变体合并为包含6大部分的标准引文格式。

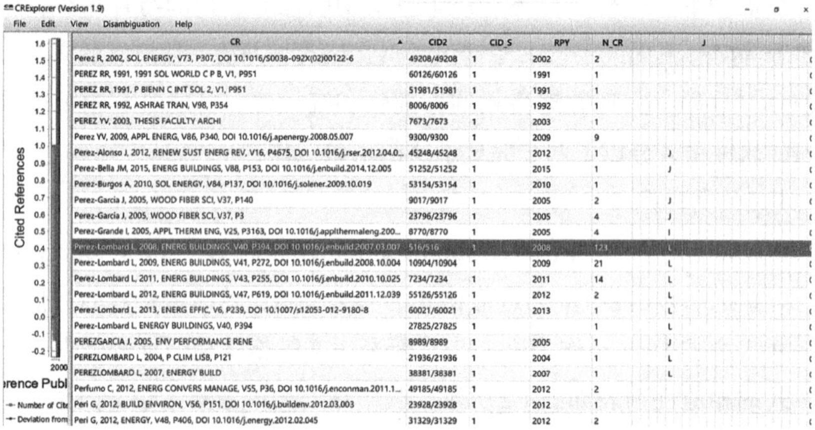

CRExplorer (Version 1.9)

File　Edit　View　Disambiguation　Help

CR	CID2	CID_S	RPY	N_CR	J
Perez R, 2002, SOL ENERGY, V73, P307, DOI 10.1016/S0038-092X(02)00122-6	49208/49208	1	2002	2	
PEREZ RR, 1991, 1991 SOL WORLD C P B, V1, P951	60126/60126	1	1991	1	
PEREZ RR, 1991, P BIENN C INT SOL 2, V1, P951	51981/51981	1	1991	1	
PEREZ RR, 1992, ASHRAE TRAN, V98, P354	8006/8006	1	1992	1	
PEREZ YV, 2003, THESIS FACULTY ARCHI	7673/7673	1	2003	1	
Perez YV, 2009, APPL ENERG, V86, P340, DOI 10.1016/j.apenergy.2008.05.007	9300/9300	1	2009	9	
Perez-Alonso J, 2012, RENEW SUST ENERG REV, V16, P4675, DOI 10.1016/j.rser.2012.04.0...	45248/45248	1	2012	1	J
Perez-Bella JM, 2015, ENERG BUILDINGS, V88, P153, DOI 10.1016/j.enbuild.2014.12.005	51252/51252	1	2015	1	J
Perez-Burgos A, 2010, SOL ENERGY, V84, P137, DOI 10.1016/j.solener.2009.10.019	53154/53154	1	2010	1	
Perez-Garcia J, 2005, WOOD FIBER SCI, V37, P140	9017/9017	1	2005	2	J
Perez-Garcia J, 2005, WOOD FIBER SCI, V37, P3	23796/23796	1	2005	4	J
Perez-Grande I, 2005, APPL THERM ENG, V25, P3163, DOI 10.1016/j.applthermaleng.200...	8770/8770	1	2005	4	I
Perez-Lombard L, 2008, ENERG BUILDINGS, V40, P394, DOI 10.1016/j.enbuild.2007.03.007	516/516	1	2008	123	L
Perez-Lombard L, 2009, ENERG BUILDINGS, V41, P272, DOI 10.1016/j.enbuild.2008.10.004	10904/10904	1	2009	21	L
Perez-Lombard L, 2011, ENERG BUILDINGS, V43, P255, DOI 10.1016/j.enbuild.2010.10.025	7234/7234	1	2011	14	L
Perez-Lombard L, 2012, ENERG BUILDINGS, V47, P619, DOI 10.1016/j.enbuild.2011.12.039	55126/55126	1	2012	2	L
Perez-Lombard L, 2013, ENERG EFFIC, V6, P239, DOI 10.1007/s12053-012-9180-8	60021/60021	1	2013	1	L
Perez-Lombard L, ENERGY BUILDINGS, V40, P394	27825/27825	1		1	L
PEREZGARCIA J, 2005, ENV PERFORMANCE RENE	8989/8989	1	2005	1	J
PEREZLOMBARD L, 2004, P CLIM LISB, P121	21936/21936	1	2004	1	L
PEREZLOMBARD L, 2007, ENERGY BUILD	38381/38381	1	2007	1	L
Perfumo C, 2012, ENERG CONVERS MANAGE, V55, P36, DOI 10.1016/j.enconman.2011.1...	49185/49185	1	2012	2	
Peri G, 2012, BUILD ENVIRON, V56, P151, DOI 10.1016/j.buildenv.2012.03.003	23928/23928	1	2012	1	
Peri G, 2012, ENERGY, V48, P406, DOI 10.1016/j.energy.2012.02.045	31329/31329	1	2012	2	

图4.3　CRExplorer软件引文合并功能

CRExplorer软件是科学计量领域展开引文出版年光谱分析（RPYS）的常用软件之一，图4.4为利用该软件所绘制的建筑节能领域的参考文献的年度引用分布，但由于该软件计算容量的限制，仅展示了建筑节能领域被引频次在30次以上的前1378篇文章的参考文献分布情况。由图中上部分的引文原始引用频次分布曲线来看，参考文献的引用总体经历了先上升后下降的趋势，2008年出版的引文在建筑节能领域被引用的次数最多。图中下部分的波动曲线为原始被引频次按照5年平均中值所计算的偏差曲线，可以看出在1970年、1998年、2008年参考文献的引用次数都偏离了领域原有的引用增长规律。在深度分析这几年引文的基础上，我们发现1970年学者Fanger P. O.出版的《*Thermal comfort*：*analysis and application in environmental engineering*》在建筑节能领域被引用了305次，是领域发展的基石，所以因为被引频次相对周边年份过高而导致了蓝色偏差曲线的波动。同样，1998年和2008年也是因为多个领域经典文献的存在而导致当年的引用偏差较高，这进一步说明了经典文献对领域的发展影响深远。在本章节后续部分，我们会详细介绍

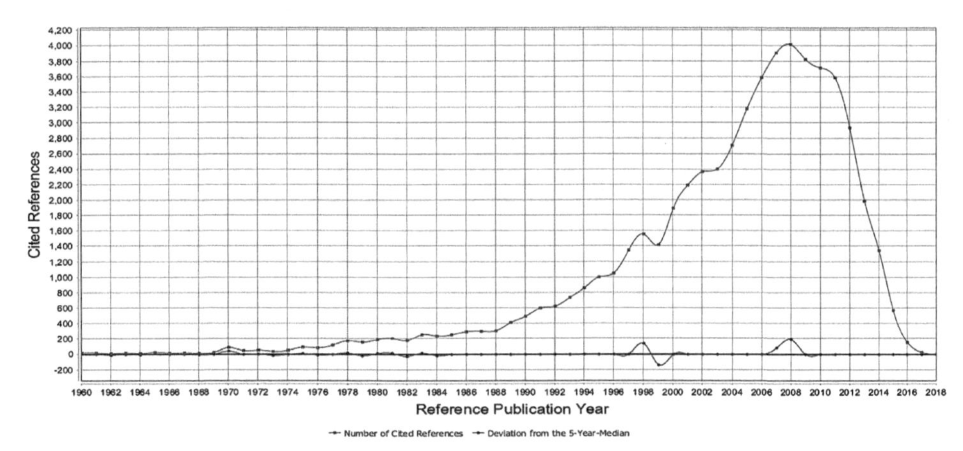

图4.4　引文出版年分布图

领域发展中的经典文献。

4.2.3 建筑节能领域共被引网络的聚类划分

在对建筑节能领域参考文献的格式消歧及标准化后，就可利用VOSviewer软件中的聚类算法进行建筑节能领域文献共被引网络的聚类划分。具体软件操作步骤如下：

（1）导入文本数据

因建筑节能领域文本数据有接近3万条，无法直接导入VOSviewer，故而在打开软件之前，首先要为软件增加内存。具体是在软件所在的文件夹中打开Windows PowerShell命令窗口，输入java–Xmx2000m–jar VOSviewer.exe打开软件，然后点击Create按钮，选择Create a map based on bibliographic data，再继续选择Read data from bibliographic database files，就可导入建筑节能领域接近3万条文献题录信息的文本格式。

（2）选择文本分析方法

导入文本后，在Choose type of analysis and counting method窗口选择分析类型为co-citation，分析对象为cited references，计算方法选择Full counting。

（3）选择文本阈值

在Choose threshold窗口选择被引参考文献的最小引用频次为30，则所有引用大于30次以上的文献的共被引链接强度将被计算，此时选择被引参考文献的数目为1000，将会展示所有参考文献的列表，包括了文献的基本信息，引用次数及总链接强度。

（4）选择聚类方法

在VOSviewer的分析窗口，选择标准化方法为association strength，页面布局选择默认布局形式，聚类算法中的resolution选择1.00，min. cluster size选择1，并合并小型聚类。此外，在rotate/flip中degrees to rotate选择90，就可得如图4.5所示的建筑节能领域文献共被引网络的聚类关系视图。

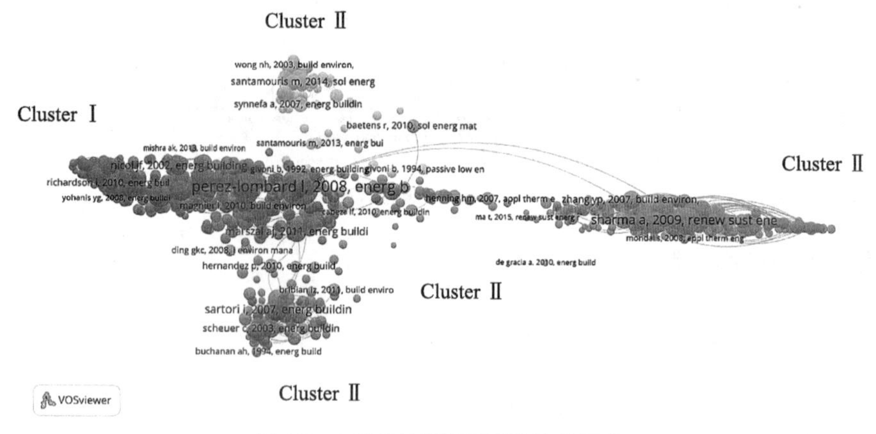

图4.5 文献共被引网络聚类关系视图

由图4.5来看建筑节能领域共被引网络可以被划分为五个聚类，其中聚类1包含节点最多为429个，聚类2包含299个节点，聚类3包含96个节点，聚类4和聚类5包含了87个节点。VOSviewer软件不仅可展示聚类视图，还可查询各参考文献的被引频次，需要注意的是此处的文献被引频次并不等同于Web of Science数据库中所展示的文献引用次数，因为此处的被引是根据文献在建筑节能领域内的共被引情况所计算的，属于领域内的引用；而WOS则展示的是文献在整个数据库所有领域的被引用情况。表4.1给出了建筑节能领域被引频次在200次以上的前16篇重要文献，这些文献在建筑节能领域内部被高频率引用，属于推动领域发展的经典文献。在下一节各聚类中研究子领域的主题识别中，会详细介绍这些经典文献的研究内容。

领域高被引引文列表 **表4.1**

序号	LCS	标题	作者	出版来源	年份
1	842	A review on buildings energy consumption information	Perez-Lombard L	Energy and Buildings	2008
2	391	Review on thermal energy storage with phase change materials and applications	Sharma A	Renewable & Sustainable Energy Reviews	2009

续表

序号	LCS	标题	作者	出版来源	年份
3	368	EnergyPlus: creating a new-generation building energy simulation program	Crawley DB	Energy and Buildings	2001
4	321	Contrasting the capabilities of building energy performance simulation programs	Crawley DB	Building and Environment	2008
5	316	Modeling of end-use energy consumption in the residential sector: A review of modeling techniques	Swan LG	Renewable & Sustainable Energy Reviews	2009
6	297	Energy use in the life cycle of conventional and low-energy buildings: A review article	Sartori I	Energy and Buildings	2007
7	296	A review on energy conservation in building applications with thermal storage by latent heat using phase change materials	Khudhair AM	Energy Conversion and Management	2004
8	281	Materials used as PCM in thermal energy storage in buildings: A review	Cabeza LF	Renewable & Sustainable Energy Reviews	2011
9	272	PCM thermal storage in buildings: A state of art	Tyagi VV	Renewable & Sustainable Energy Reviews	2007
10	255	Review on thermal energy storage with phase change materials (PCMs) in building applications	Zhou D	Applied Energy	2012
11	246	A review on the prediction of building energy consumption	Zhao HX	Renewable & Sustainable Energy Reviews	2012
12	224	Zero Energy Building-A review of definitions and calculation methodologies	Marszal AJ	Energy and Buildings	2011
13	211	Life cycle energy analysis of buildings: An overview	Ramesh T	Energy and Buildings	2010
14	211	Adaptive thermal comfort and sustainable thermal standards for buildings	Nicol JF	Energy and Buildings	2002
15	210	A review on phase change materials integrated in building walls	Kuznik F	Renewable & Sustainable Energy Reviews	2011
16	210	Use of microencapsulated PCM in concrete walls for energy savings	Cabeza LF	Energy and Buildings	2007

4.3 建筑节能领域知识域的研究识别

4.3.1 建筑能效知识域的研究识别

VOSviewer软件能够绘制大型数据集的共被引网络，在计算准确性方面优于

citespace等其他计量软件，但遗憾的是VOSviewer生成的网络结构并不能直接提供各聚类所代表的知识内容。因此需要通过其他方法步骤来识别各主题领域所代表的子领域的研究内容。目前针对聚类的内容识别有两种方法：一种是通过统计共被引网络各聚类中的高被引文献，依据高被引文献的研究内容来反映聚类的研究内容；另一种是通过分析各聚类子网络的网络结构，统计网络中位于核心位置的中心性高的节点，如度中心性、中介中心性、接近中心性，进而通过判断这些节点的研究内容来反映聚类的研究内容。学者Glanzel WB曾指出在主题聚类中，核心文献是那些具有最高中心性的文献，表现为与属于同一聚类的其他出版物的连接数量。因此本节对于各聚类的识别采用两种方法的组合方式：一是因为高被引文献是各聚类中至关重要的经典文献；二是中心性高的节点能联系各聚类子网中大多数的节点，在反映聚类研究内容方面最具代表性，故而本书认为两者都需要考虑，进而通过组合的方式来识别最能反映聚类知识内容的文献。各聚类核心文献在附表F中进行详细展示。

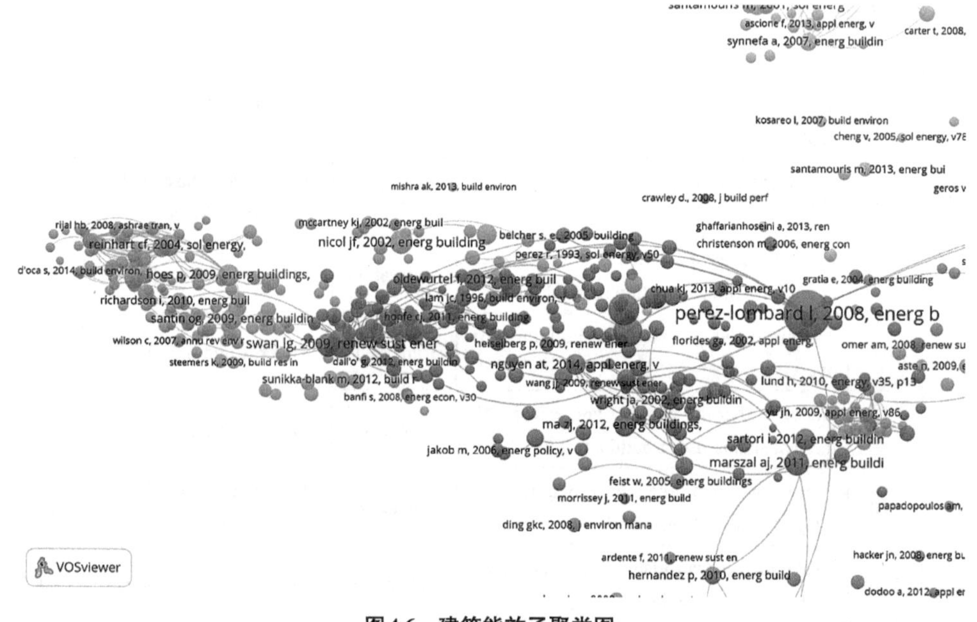

图4.6　建筑能效子聚类图

图4.6为聚类1的网络图，将该子网络提取出来并导入Pajek软件中，可知该子网的节点数为429，网络连接的边数为37303，网络密度为0.401，网络平均度数为8.172，网络平均最短路径为7。上一段已介绍在识别聚类知识内容时采用组合的方式，因此我们首先利用VOSviewer软件对聚类1中的被引文献进行引用频次的排序，

其次对网络中节点的三个中心性指标进行计算与排序，可形成如表4.2所示的重要节点网络排序图，给出了被引频次、度中心性、接近中心性和中介中心性数值排序在前10位的节点。可以看出文献perez-lombard l，2008、文献zhao hx，2012、文献crawley db，2001、文献hoes p，2009、文献crawley db，2008、文献swan lg，2009在这4个指标中同时出现，说明这6篇文章是能反映聚类1研究内容的重要文献。

聚类1重要网络节点排序 **表4.2**

被引频次		度中心性		接近中心性		中介中心性	
文献	数值	文献	数值	文献	数值	文献	数值
perez-lombard l，2008	842	perez-lombard l，2008	417	perez-lombard l，2008	0.975	perez-lombard l，2008	1.20E-02
crawley db，2001	368	zhao hx，2012	360	zhao hx，2012	0.863	crawley db，2001	7.84E-03
crawley db，2008	319	crawley db，2001	359	crawley db，2001	0.861	crawley db，2008	7.67E-03
swan lg，2009	316	hoes p，2009	358	hoes p，2009	0.859	zhao hx，2012	7.45E-03
zhao hx，2012	246	crawley db，2008	354	crawley db，2008	0.853	hoes p，2009	7.24E-03
marszal aj，2011	224	swan lg，2009	327	swan lg，2009	0.809	swan lg，2009	6.05E-03
nicol jf，2002	210	yu z，2011	319	yu z，2011	0.797	yu z，2011	5.18E-03
ashrae，2009	207	santin og，2009	315	santin og，2009	0.791	marszal aj，2011	5.08E-03
kavgic m，2010	196	menezes ac，2012	307	menezes ac，2012	0.78	santin og，2009	5.08E-03
hoes p，2009	190	nguyen at，2014	305	nguyen at，2014	0.777	nguyen at，2014	5.05E-03

这6篇文献中，文献Perez-Lombard L，2008回顾了建筑能耗特别是与HVAC系统有关的能耗消费信息；文献Crawley DB，2001开发了一种新的建筑能耗模拟工具EnergyPlus；文献Crawley DB，2008则比较分析了20个主要建筑能耗模拟工具的特征与功能，比较的能耗信息包括一般建模功能、区域负荷、通风系统、可再生能源系统、暖通空调系统等信息；文献Swan LG，2009评论了住宅建筑能耗测算的各种建模技术；文献Zhao HX，2012研究了受建筑结构、照明和HVAC系统、居住者及其行为等方面影响的建筑能耗预测问题，比较了不同的能耗预测模型；文献Hoes P，2009则研究了居住者行为对建筑能耗消费的影响。从这6篇与聚类中大部分节点相连接的文章的研究内容及关键词来看，该聚类主要进行能耗消费研究，包括了设备用能、可再生能源系统用能测量及模拟、采光通风及居住者行为对能耗的影响及模拟等。因此可以识别出聚类1的研究子领域为建筑能源效率研究。

4.3.2 相变材料知识域的研究识别

图4.7为聚类2的网络图，在提取子网时，首先将VOSviewer导出的聚类文件转为Excel格式，然后利用vlookup函数提取聚类2中节点的共被引关系，最后将生成的子网转为pajek软件可识别的.net文件格式。聚类2子网文件在导入Pajek软件后，可知该子网络的节点数为299，网络连接的边数为36419，网络密度为0.81，相较于聚类1网络密度增加了1倍，网络中节点的联系更为紧密。此外，网络平均度数为241.6，即网络中每个节点平均都与另外241个节点相连，网络平均最短路径为2，可以看出聚类2中节点之间联系非常紧密。

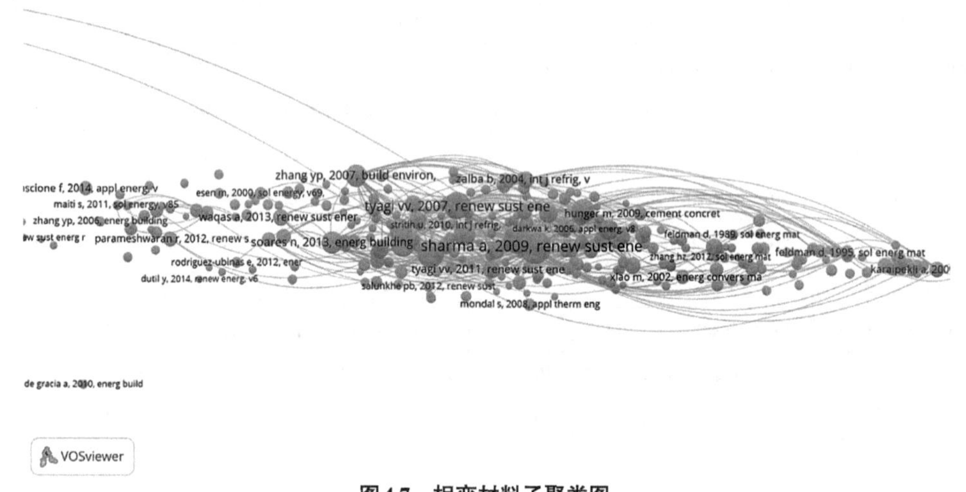

图4.7 相变材料子聚类图

利用VOSviewer软件对聚类2中的被引文献进行引用频次的排序，同时在pajek软件中计算网络节点的三个中心性指标，并对其进行排序，可形成如表4.3所示的重要节点网络排序图，给出了被引频次、度中心性、接近中心性和中介中心性数值排序在前10位的节点。在此前的分析中，本书指出这几种指标均能探寻网络中的重要节点文献，若某篇文献在这四个指标中均位于前列，则表示这篇文章是联系整个网络的经典文献。可以看出文献zalba b，2003、文献sharma a，2009、文献khudhair am，2004、文献cabeza lf，2011、文献tyagi vv，2007、文献zhou d，2012和文献baetens r，2010在这4个指标中同时出现，说明这7篇文章是能反映聚类2研究内容的重要文献。从度中心性指标来看，这7篇文献的度中心性为298，而网络的总节点数为299，说明这7篇文献与除过自身之外的节点文献都存在共被引关系，更加说明了这7篇文献在该子领域中的地位。

聚类2重要网络节点排序 **表4.3**

高被引频次		度中心性		接近中心性		中介中心性	
文献	数值	文献	数值	文献	数值	文献	数值
zalba b，2003	393	baetens r，2010	298	baetens r，2010	1	baetens r，2010	1.23E-03
sharma a，2009	391	cabeza lf，2011	298	cabeza lf，2011	1	cabeza lf，2011	1.23E-03
khudhair am，2004	296	farid mm，2004	298	farid mm，2004	1	farid mm，2004	1.23E-03
cabeza lf，2011	281	khudhair am，2004	298	khudhair am，2004	1	khudhair am，2004	1.23E-03
tyagi vv，2007	272	sharma a，2009	298	sharma a，2009	1	sharma a，2009	1.23E-03
farid mm，2004	265	tyagi vv，2007	298	tyagi vv，2007	1	tyagi vv，2007	1.23E-03
zhou d，2012	255	tyagi vv，2011	298	tyagi vv，2011	1	tyagi vv，2011	1.23E-03
cabeza lf，2007	210	zalba b，2003	298	zalba b，2003	1	zalba b，2003	1.23E-03
kuznik f，2011	210	zhou d，2012	298	zhou d，2012	1	zhou d，2012	1.23E-03
baetens r，2010	187	cabeza lf，2007	297	cabeza lf，2007	0.997	zhang yp，2007	1.22E-03

这7篇文章中，文献Zalba B，2003指出具有相变材料（PCM）的热能存储能够提供高的热存储密度和适度的温度变化，并且在建筑物中可实现节能的重要作用；文献Khudhair AM，2004则调查了PCM封装在建筑混凝土、石膏墙板、顶棚和地板中的蓄热性能研究；文献Tyagi VV，2007在介绍PCM trombe墙、PCM墙、PCM百叶窗等系统的热性能后进一步指出相变材料在建筑中具有加热和冷却的良好潜力；文献Sharma A，2009则回顾了过去10年相变材料在建筑物加热和冷却中的应用；在经过多年的发展后，文献Baetens R，2010评估了用于建筑应用的PCM的最新知识；文献Cabeza LF，2011整理了在建筑中使用PCM的出版物和书籍，并整理汇编了使用该技术的要求、材料分类、可用材料及建筑应用中的可用解决方案；而文献Zhou D，2012总结了以前有关建筑应用中潜热储能的研究，包括PCM、浸渍方法、当前建筑应用及其热性能分析以及PCM建筑物的数值模拟。通过这7篇文献及相应的关键词可以看出聚类2主要是关于相变材料的热能存储及其在建筑节能中的应用研究，故而该聚类的子领域为相变材料研究。

4.3.3 全寿命周期知识域的研究识别

图4.8为聚类3的网络图，在提取子网时，首先将VOSviewer导出的聚类文件转为Excel格式，然后利用vlookup函数提取聚类3中节点的共被引关系，最后将生成的子网转为pajek软件可识别的.net文件格式。聚类3子网文件在导入Pajek软件

后，可知该子网络的节点数为96，网络连接的边数为4478，网络密度为0.96，是聚类1的2倍之多，网络中节点的联系更为紧密。此外，网络平均度数为91.25，即网络中每个节点平均都与另外91个节点相连，网络平均最短路径为1.04，可以看出聚类3属于节点联系高度密集的网络。

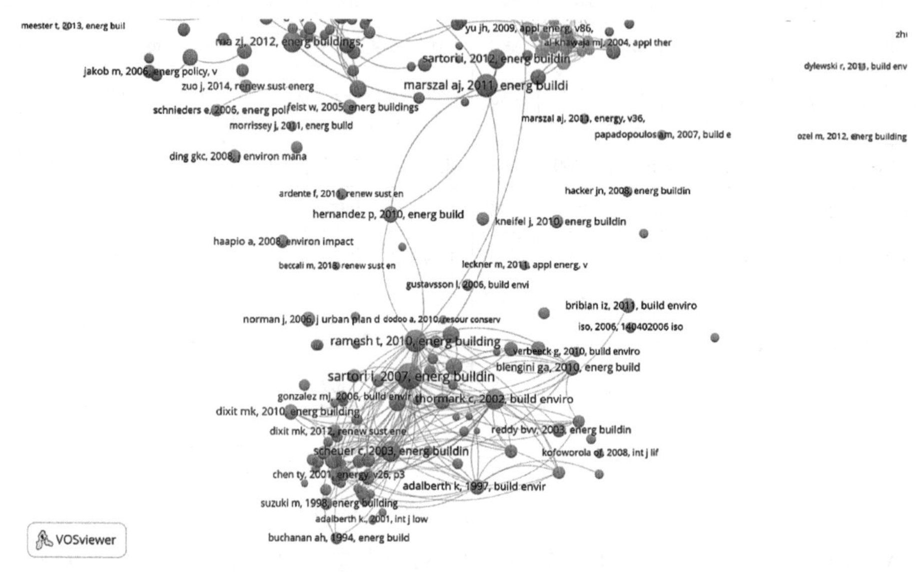

图4.8　全寿命周期子聚类图

利用VOSviewer软件对聚类3中的被引文献进行引用频次的排序，同时在pajek软件中计算网络节点的3个中心性指标，并对其进行排序，可形成如表4.4所示的重要节点网络排序图，给出了被引频次、度中心性、接近中心性和中介中心性数值排序在前10位的节点。在此前的分析中，本书指出这几种指标均能探寻网络中的重要节点文献，若某篇文献在这四个指标中均位于前列，则表示这篇文章是联系整个网络的经典文献。可以看出文献Gustavsson L，2010、文献Cole RJ，1996、文献Ortiz O，2009、文献Cabeza LF，2014、文献Blengini GA，2010、文献Bribian IZ，2009和文献Dixit MK，2010在这4个指标中同时出现，说明这7篇文章是能反映聚类3研究内容的重要文献。从度中心性指标来看，这7篇文献的度中心性为95，而网络的总节点数为96，说明这7篇文献与除过自身之外的节点文献都存在共被引关系，更加说明了这7篇文献在该子领域中的地位。

这7篇文章中，文献Cole RJ，1996检查了一个三层办公楼的生命周期能源使用情况，详细估算了初始物化能、与维护和修理相关的经常性物化能及运行过程中的能耗；文献Ortiz O，2009审查了建筑环境中应用全寿命周期评估（LCA）的方

聚类3重要网络节点排序　表4.4

高被引频次		度中心性		接近中心性		中介中心性	
文献	数值	文献	数值	文献	数值	文献	数值
sartori i，2007	296	blengini ga，2009	95	blengini ga，2009	1	blengini ga，2009	5.25E-04
ramesh t，2010	210	blengini ga，2010	95	blengini ga，2010	1	blengini ga，2010	5.25E-04
thormark c，2002	191	bribian iz，2009	95	bribian iz，2009	1	bribian iz，2009	5.25E-04
scheuer c，2003	183	cabeza lf，2014	95	cabeza lf，2014	1	cabeza lf，2014	5.25E-04
gustavsson l，2010	178	ortiz o，2009	95	ortiz o，2009	1	ortiz o，2009	5.25E-04
cole rj，1996	131	citherlet s，2007	95	citherlet s，2007	1	citherlet s，2007	5.25E-04
ortiz o，2009	130	cole rj，1996	95	cole rj，1996	1	cole rj，1996	5.25E-04
cabeza lf，2014	128	dixit mk，2010	95	dixit mk，2010	1	dixit mk，2010	5.25E-04
blengini ga，2010	126	dixit mk，2012	95	dixit mk，2012	1	dixit mk，2012	5.25E-04
bribian iz，2009	117	gustavsson l，2010	95	gustavsson l，2010	1	gustavsson l，2010	5.25E-04
dixit mk，2010	114	huberman n，2008	95	huberman n，2008	1	huberman n，2008	5.25E-04

法和工具；文献Bribian IZ，2009则提出了一种简化的LCA方法；文献Gustavsson L，2010分析了传统住宅和低能耗住宅在建筑生产和运行阶段的主要能源使用和二氧化碳排放，亦在探寻运行能耗减少，而生产能耗增加下全寿命周期能耗的优化问题；文献Blengini GA，2010评估了一座低能耗家庭住宅的全寿命周期能耗具体的评估测算方法；文献Dixit MK，2010识别了建筑生产过程中物化能的不同参数，以便开发物化能的能量数据库；文献Cabeza LF，2014则回顾了有关建筑和建筑相关部门实施环境评估的全生命周期评估（LCA）、全寿命周期能耗分析（LCEA）及全寿命周期费用分析（LCCA）研究。从这7篇文献的研究内容与相应的关键词来看，聚类3主要是建筑从建筑到使用到报废的全寿命周期分析及环境评估，故而该聚类的子领域为全寿命周期研究。

4.3.4 外围护结构知识域的研究识别

图4.9为聚类4的网络图，在提取子网时，首先将VOSviewer导出的聚类文件转为Excel格式，然后利用vlookup函数提取聚类4中节点的共被引关系，最后将生成的子网转为pajek软件可识别的.net文件格式。聚类4子网文件在导入Pajek软件后，可知该子网络的节点数为87，网络连接的边数为1833，网络密度为0.46，相对聚类2和聚类3较为松散。此外，网络平均度数为40，即网络中每个节点平均都

与另外40个节点相连，网络平均最短路径为1.55，即网络中任意两个文献节点平均只需经过两篇文献即可相连。

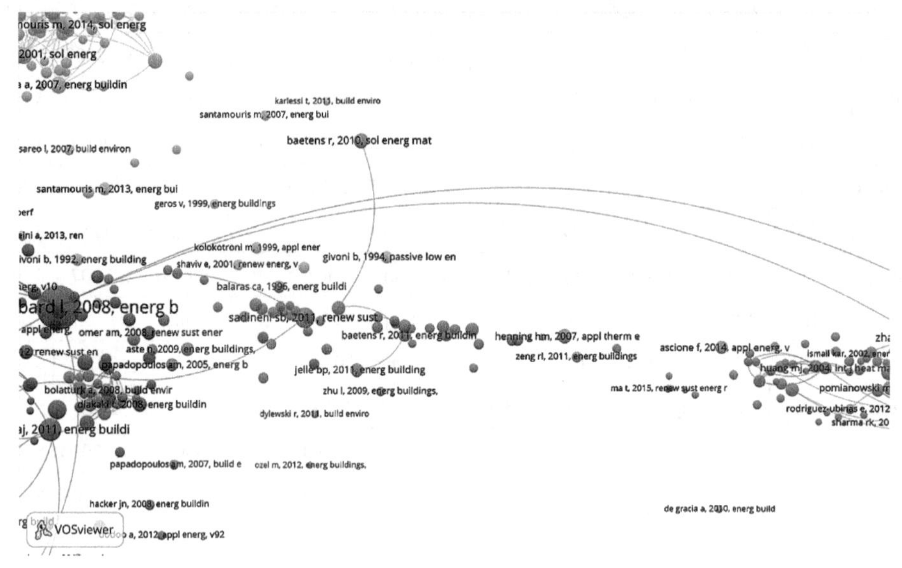

图4.9　外围护结构子聚类图

对于聚类子领域的识别，最简单的方法是查询聚类子网中所有节点文献的信息，通过统计这些节点文献的研究内容来分析总结该聚类的研究子领域。但截至目前还没有相关技术来支撑这一方法的实现，学者多通过分析网络中的关键性节点来间接反映聚类的研究子领域。其中采用节点的大小和节点在网络中的位置是两种常用的方法。表4.5给出了聚类4中关键节点信息，包含了排序在前10位的四个网络指标数值，分别为被引频次、度中心性、接近中心性和中介中心性。在针对前3个聚类重要文献的提取中，采用4个指标均同时出现的文献作为反映聚类研究子领域的核心文献，但在聚类4中，可以看出仅有3篇文献同时出现在4个指标中，文献数量过少不足以反映聚类研究内容，因此本书继续选择同时出现在三种中心性指标中的文献作为核心文献。原因在于中心性高的文献能联系聚类中的大多数节点文献，而根据共被引的定义，共同被引文的文献具有研究主题的相似性，因此中心性高的文献能够反映网络中大多数节点的研究内容，故而作为选择核心文献的标准。根据这一规则，表4.5中文献Sadineni SB，2011、文献Baetens R，2010、文献Comakli K，2003在4个指标中出现，文献Al-sanea SA，2012、文献Chan ALS，2009、文献Chae YT，2014和文献Shameri MA，2011在三种中心性指标中出现，说明这7篇文献是反映聚类4研究内容的重要文献。

聚类4重要网络节点排序　　表4.5

高被引频次		度中心性		接近中心性		中介中心性	
文献	数值	文献	数值	文献	数值	文献	数值
sadineni sb，2011	178	sadineni sb，2011	60	sadineni sb，2011	0.768	sadineni sb，2011	2.75E-02
baetens r，2010	99	baetens r，2010	59	baetens r，2010	0.761	baetens r，2010	2.24E-02
henning hm，2007	96	al-sanea sa，2012	58	al-sanea sa，2012	0.754	al-sanea sa，2012	2.13E-02
hasan a，1999	88	chan als，2009	54	chan als，2009	0.754	shameri ma，2011	1.73E-02
comakli k，2003	84	kaynakli o，2012	53	kaynakli o，2012	0.723	jelle bp，2012	1.68E-02
jelle bp，2012	84	jelle bp，2011	52	jelle bp，2011	0.717	chan als，2009	1.64E-02
skoplaki e，2009	84	yang l，2008	52	yang l，2008	0.717	omer am，2008	1.26E-02
aste n，2009	83	al-homoud ms，2005	51	al-homoud ms，2005	0.711	chae yt，2014	1.24E-02
bolatturk a，2006	83	chae yt，2014	51	chae yt，2014	0.711	chow tt，2003	1.22E-02
jelle bp，2011	83	shameri ma，2011	51	shameri ma，2011	0.711	comakli k，2003	1.20E-02
omer am，2008	82	comakli k，2003	50	comakli k，2003	0.705	kaynakli o，2012	1.17E-02

在这7篇文章中，文献Comakli K，2003调查了土耳其最寒冷城市建筑外墙的最佳保温层厚度，文献Al-sanea SA，2012研究了不同热质量和位置对隔热建筑墙体动态传热特性的影响，并开发了“热质量节能潜力”“临界热质量厚度”的概念来确定理想节能条件下的热质量厚度。文献Chan ALS，2009报道了中国香港典型气候下办公楼双层外立面系统的能耗性能，而文献Shameri MA，2011则回顾了学术界对建筑物双层外立面系统的整体研究。文献Baetens R，2010对智能窗户在减少建筑物中冷却负荷、加热负荷和照明用能的效用方面进行了调查，文献Chae YT，2014则评估了集成半透明太阳能电池的建筑一体化光伏（BIPV）窗户的各种参数性能；文献Sadineni SB，2011则从能效的角度对建筑围护结构及部件各自的改进性能进行了详细的技术审查。从这7篇文章来看，聚类4包括了墙体、窗户、外立面等建筑外围护结构的节能性能研究，因此，该聚类的研究子领域为外围护结构研究。

4.3.5 城市热岛知识域的研究识别

图4.10为聚类5的网络图，在提取子网时，首先将VOSviewer导出的聚类文件转为Excel格式，然后利用vlookup函数提取聚类5中节点的共被引关系，最后将生成的子网转为pajek软件可识别的.net文件格式。聚类5子网文件在导入Pajek软件后，可知该子网络的节点数为86，网络连接的边数为3040，网络密度为0.78，与

具有相同节点数的聚类子网4比较，聚类子网5节点之间的联系更加密集。此外，网络平均度数为67.84，即网络中每个节点平均都与另外67个节点相连，网络平均最短路径为1.21，即网络中任意两个文献节点平均只需经过两篇文献即可相连。

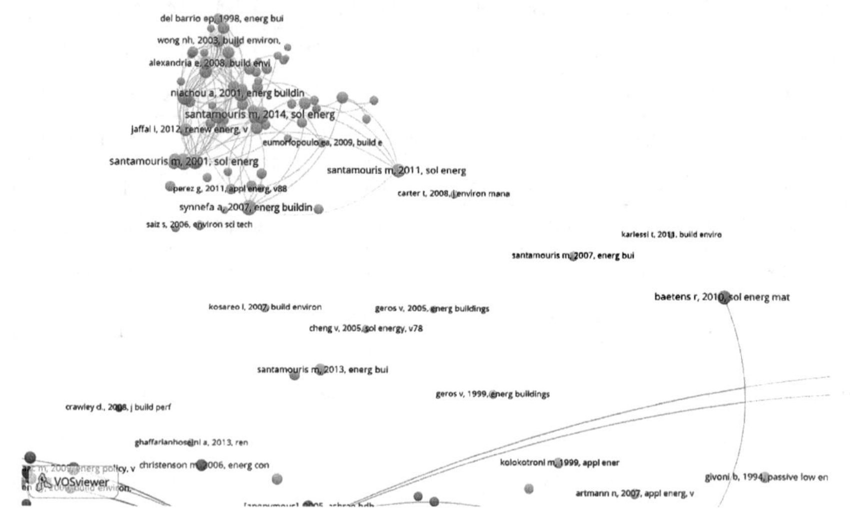

图4.10　城市热岛子聚类图

利用VOSviewer软件对聚类5中的被引文献进行引用频次的排序，同时在pajek软件中计算网络节点的三个中心性指标，并对其进行排序，可形成如表4.6所示的重要节点网络排序图。其中表4.6给出了被引频次、度中心性、接近中心性和中介中心性数值排序在前10位的节点。在此前的分析中，本文指出这几种指标均能探寻网络中的重要节点文献，若某篇文献在这四个指标中均位于前列，则表示这篇文章是联系整个网络的经典文献。可以看出文献Santamouris M，2014、文献Santamouris M，2001、文献Akbari H，2001、文献Miachou A，2001、文献Sailor DJ，2008、文献Synnefa A，2006和文献Santamouris M，2011在这4个指标中同时出现，说明这7篇文章是能反映聚类3研究内容的重要文献。从度中心性指标来看，这7篇文献的度中心性都在78次以上，而网络的总节点数为86，说明这7篇文献与除过自身之外的绝大多数节点文献都存在共被引关系，进一步说明了这7篇文献在该子领域中的地位。

这7篇文章中，文献Santamouris M，2001评估了城市热岛效应对于建筑物能耗的影响，文献Santamouris M，2011介绍了有助于减轻热岛效应和城市环境的冷材料（具有高太阳反射率和红外辐射率的材料）的开发及现有技术，文献Santamouris M，2014则进一步介绍了能够增加城市反照率和使用植被—绿色屋顶

聚类5重要网络节点排序　　表4.6

高被引频次		度中心性		接近中心性		中介中心性	
文献	数值	文献	数值	文献	数值	文献	数值
santamouris m，2014	145	niachou a，2001	86	niachou a，2001	1	niachou a，2001	5.73E-03
santamouris m，2001	141	sailor dj，2008	84	sailor dj，2008	0.977	sailor dj，2008	5.07E-03
kottek m，2006	136	santamouris m，2014	84	santamouris m，2014	0.977	santamouris m，2014	4.89E-03
akbari h，2001	129	santamouris m，2001	82	santamouris m，2001	0.956	santamouris m，2001	4.81E-03
castleton hf，2010	129	rosenfeld ah，1998	81	rosenfeld ah，1998	0.945	santamouris m，2011	4.26E-03
niachou a，2001	126	takebayashi h，2007	80	takebayashi h，2007	0.935	stathopoulou e，2008	3.94E-03
sailor dj，2008	125	synnefa a，2006	79	synnefa a，2006	0.925	rosenfeld ah，1998	3.83E-03
synnefa a，2006	121	akbari h，2001	79	akbari h，2001	0.925	wong nh，2003	3.67E-03
santamouris m，2011	101	santamouris m，2011	78	santamouris m，2011	0.915	synnefa a，2006	3.48E-03
alexandria e，2008	91	akbari h，2012	79	akbari h，2012	0.925	akbari h，2001	3.36E-03

来减缓热岛效应的最新技术；文献Akbari H，2001指出城市气温升高会对建筑能耗产生重大影响，文献Synnefa A，2007则评估了使用冷屋顶涂层对各种气候条件下的冷却和加热负荷以及住宅建筑的室内热舒适性条件的影响；文献Niachou A，2001调查了绿色屋顶的热性能和能耗性能研究，文献Sailor DJ，2008开发了一种基于物理的植被屋顶能量平衡模型，并将其整合到EnergyPlus建筑能源模拟计划中。从这7篇文章来看，聚类5是以城市热岛对建筑能耗影响为研究，通过屋顶反照材料和绿色屋顶等措施来降低建筑能耗，因此，该聚类的研究子领域为城市热岛效应研究。

4.4 小结

本章通过共被引网络来划分建筑节能领域的知识结构。首先介绍了共被引网络的基础概念及当前研究，其次介绍了Vosviewer软件所使用的共被引网络聚类算法。由于共被引分析的对象为引文（即参考文献），因此还需要利用CRExplorer软件对参考文献的格式进行消歧。此外CRExplorer软件还可展开引文的分布分析，可以发现1970年学者Fanger P.O.出版的《Thermal comfort：analysis and application in environmental engineering》是最早的高被引引文，是建筑节能领域发展的历史根源文献。利用Vosviewer软件进行领域共被引网络的聚类划分，可将其划分为5个大的聚类，其中聚类1包含429个文献节点，聚类2包含299个文献节点，聚类3包含96个节点，聚类4和聚类5包含了87个节点。通过共被引频次的计算，文献[162]、[163]、[164]、[165]、[166]是建筑节能领域被引最多的参考文献。针对于各个子领域研究内容的识别，我们无法查找每个聚类中全部参考文献的详细信息，如聚类1有429个节点，不可能查找每个节点的文献信息，故而我们采用两种方法的结合来进行识别：一种是常规的以高被引文献进行聚类内容的识别；另一种是学者Glanzel WB所提出的以网络中处于关键位置的核心文献进行识别。具体来说本书计算了各聚类节点的共被引频次、度中心性、中介中心性、接近中心性，若某一节点在这四个或三个指标中出现，则为能反映聚类研究内容的关键文献。据此，可知建筑节能领域的知识结构如图4.11所示可以划分为五个子领域，分别为建筑能效子领域、相变材料子领域、全寿命周期子领域、外围护结构子领域和城市热岛子领域。

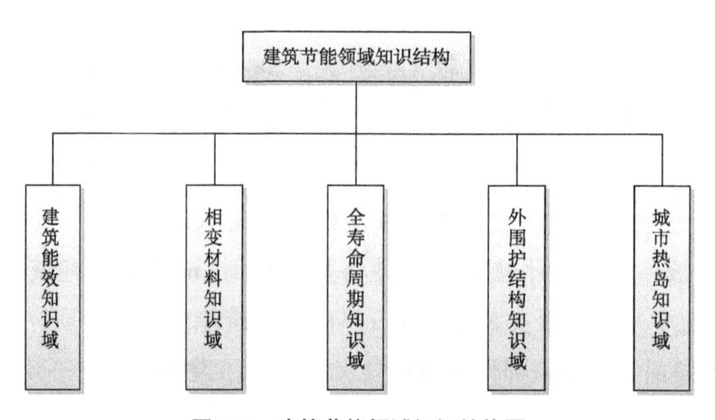

图4.11　建筑节能领域知识结构图

5

建筑节能领域知识路径的识别

建筑节能领域的知识路径是从文献的引用与被引用关系来展示知识的继承与传播。目前科学计量学领域用于提取学科领域知识路径的方法为主路径分析方法，而此方法的实现是建立在引文网络的基础上，但现阶段并没有学者提出相应的方法。因此，本章节提出了构建引文网络的算法，进而利用主路径方法提取了建筑节能领域各知识域的关键知识路径。从纵向的文献知识引用的体系化视角形成了建筑节能领域各知识域下的知识主题。

5.1 理论基础

5.1.1 直接引文网络理论

引文网络也称直接引文网络（direct citation network），是根据一组文献之间的相互引用关系构建的网络模型，反映了以文献作为载体的知识的继承和传播关系。引文网络研究最早可追溯到著名学者加菲尔德1955年发表的经典文章《科学引文索引》。他提出了引用关系是索引文献最为有效的方式。1964年，加菲尔德等人又提出了用于追踪科学突破的历史发展的直接引文网络分析理论，并验证了引文网络分析的时间布局与学者对历史事件解释具有强烈的一致性，说明了直接引文网络分析的有效性。1965年，科学计量学之父普赖斯也明确承认了直接引用关系是科学论文网络的基石。同时，1963年Kessler提出了引文分析的书目耦合理论，1974年Small提出了基于引文的共被引分析理论，这三种理论共同奠定了引文分析的方法基础，并且在此之后，共被引分析成为科学计量学领域的研究主流并且被广泛地应用到其他领域的文献研究中。

在第4章介绍了共被引分析的基本原理，即两篇文章若同时被另一篇文章所引用，则这两篇文章之间存在知识的相似性，在本章节直接引用的基本假设则是若一篇文章的研究思想或研究内容的某处是基于另一篇文章所提出的，也就是具有知识的传承性，则这两篇文章之间具有之间引用关系，引用的文章为施引文献，所依据的文章为被引文献。然而与共被引分析相比，直接引文分析一直发展缓慢，虽然加菲尔德作为直接引文分析的强烈倡导者，先后也进行了算法史学等有影响力的研究，但并没有改变这一现状。学者Klavans R曾试图分析这一现象，指出早期计算能力的限制，中后期技术障碍和软件的缺失是造成直接引文分析理论发展缓慢的原因。然而近10年直接引文分析理论正在逐步回归学者的视野，这主要应归功于当下主路径分析（main path analysis，MPA）方法的应用。该方法建立在直接引文网络的基础上，是目前科学计量学研究中新兴的重要工具。

5.1.2 主路径分析理论

主路径分析方法最早由Hummon和Dereian在1989年提出，是通过计算直接引文网络的链路权重来确定科学领域的主要发展轨迹，其在文中给出了三种计算链路权重的算法，分别为节点对投影计数（NPPC），搜索路径链路计数（SPLC）和搜索路径节点对（SPNP）。2003年，学者Batagelj又提出了搜索路径计数（SPC）算法，并在自己开发的备受应用的社会网络软件Pajek中实现了主路径分析功能。2012年学者Liu在这四个算法的基础上又提出了全局主路径的概念和实施框架。图5.1历年文献数也反映了主路径分析发展的这三个重要历程，并且可以发现2012之后，该方法进入发展的上升阶段，逐步成为科学计量学领域的热门研究方法。

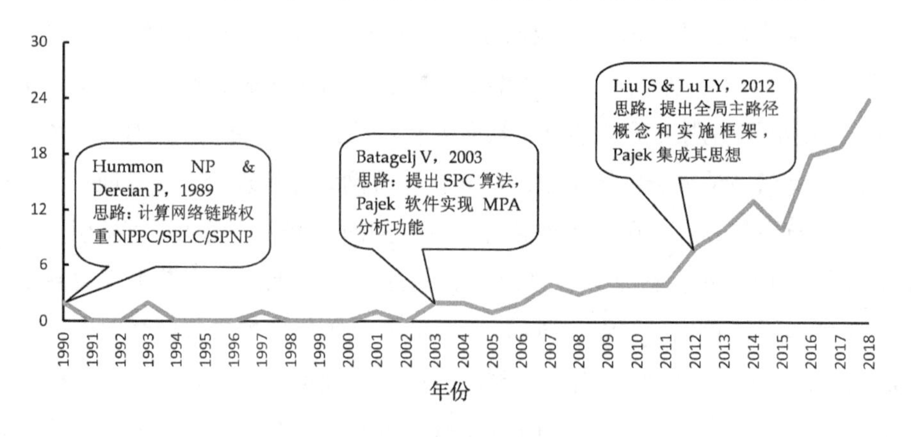

图5.1 MPA研究历年文献数量分布

主路径分析方法建立在直接引文网络的基础上，能够探寻学科领域的知识发展路径。在如图5.2所示的引文网络中，每篇文章被认为是一个节点，两篇文章之间的有向连线被认为代表了文章之间的引用关系。其中节点A、B为源节点，定义为自身被引用而不引用其他节点的节点，代表了知识的起源；节点H、J、I为汇节点，定义为引用其他节点而自身不被引用的节点，代表了知识流动的终点。主路径就是通过计算源节点到汇节点之间的链路权重，进而探寻出的一条具有较高权重、在知识传播中起到至关重要的作用的链路。在图5.2中，路径ACEH、ACEJ和ACJ通过链路AC从源到汇，因此链路AC的权重为3，以此类推可以得出每条链路的权重。继而对所有链路的权重进行排序，使用具有最高权重的链路作为基本搜索路径，从中可以向前或者向后搜索主路径，然后将所有搜索到的路径连接起来，形成如图5.2中ACEH、BCEH链路所示的主路径。

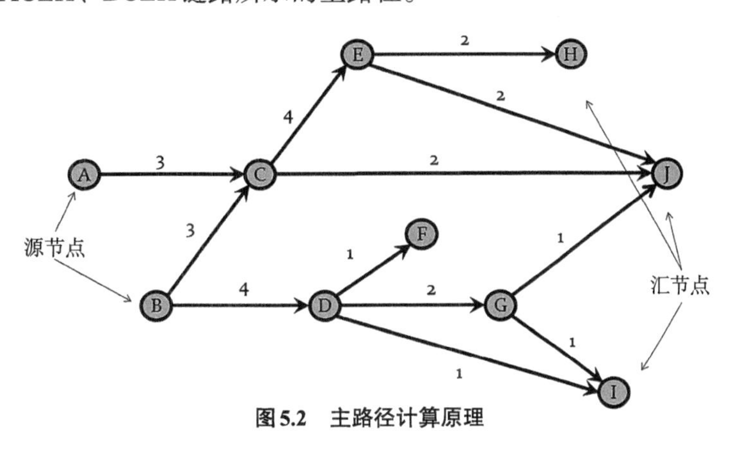

图5.2　主路径计算原理

对于知识路径的识别，最重要的是确定其主干上的一小组经典文献。早在1964年加菲尔德就提出利用文献之间的引用关系来探寻科学知识路径的想法，具体步骤包括：①建立引文网络；②基于引用次数识别重要的文献；③跟踪引文网络上重要文献的顺序连接。目前这一想法已经由主路径分析法得到很好的解决，该方法也已经被应用于许多领域。Lu和Liu（2013）进行了资源基础理论（RBT）研究的文献调查，揭示了RBT的知识路径；同样，Xiao等人（2014）评估了数据和信息质量研究，为任何进入数据质量领域的新研究人员提供了清晰的地图。其他应用MPA的工作包括Barbieri等人（2016）的环境创新研究，Liang等人（2016）的信息技术外包研究，Ma和Liu（2016）的股东积极行动研究等。

主路径分析的实施过程如图5.3所示，在获得原始文献数据的基础上先要构建直接引文网络，进而再利用各种算法提取主要路径。然而，目前的MPA文献存在的一个共性问题就是缺乏第一步的构建说明，鲜少有文章在内容中介绍直接引文网络应该如何构建，而是直接进行第二步主路径的计算。2018年学者Henrique发表在科学计量领域的权威期刊《scientometrics》上的一篇文章也说明了这个问题，他在文中写到"尽管MPA很受欢迎，但基本引文网络的构建方式几乎没有说过。事实上，上述所有论文都在引文网络的基础上使用了MPA，但没有一篇详述网络的构建。据我们所知，大多数研究认为网络是理所当然的，他们的任务是丰富的描述主要或本地路径的计数方法，正如Yeo等人和Liu等人所做的那样，但将底层网络的构建留给了读者的创造力。"这也许是主路径方法虽然被学者认可但却并没有展开大范围应用的原因。

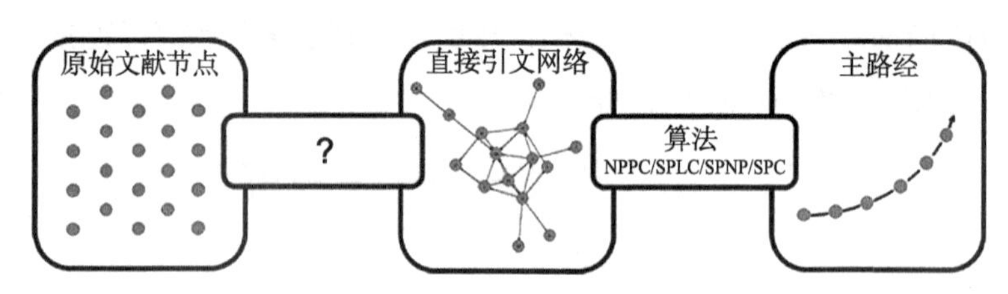

图5.3 主路径构建过程图

针对这一问题，本书试图在文献中查找解决方案，发现目前仅有加菲尔德开发的Histcite软件和学者Henrique在文中提到的方法可以构建引文网络，但却存在以下问题：一是Histcite软件仅能构建200篇文献以内的引文网络，针对大量文章就无法运行，适用性不强。二是学者Henrique虽然在文中给出了构建引文网络的算法，但却并没有详细说明算法实施的基础条件、运行环境、运行软件及具体实施步骤等，实际操作性不强，对于非计算机领域的学者而言，基本不具备复制Henrique方法实施过程的可能性。因此，5.2节在大量阅读有关引文分析及引文网络研究的基础上，提出了构建建筑节能领域引文网络的方法和详细、具体的实施步骤。旨在降低算法的难度，最终希望能引领想要做主路径分析的学者一步步地构建自己所需的引文网络，降低主路径分析方法的门槛，填补方法的缺失段，以达到完善主路径分析方法的目的。

5.2 建筑节能领域直接引文网络的构建

5.2.1 建筑节能领域文献数据的标准化

建筑节能领域文献数据的初始化是为矩阵建立所做的数据准备工作，其中主要考虑了四个方面的问题。一是文献的类型应为article文章，主要是由于相比review等其他类型，article类型文章才是对学科领域发展起到推动作用的原创性文献；二是应完善检索过程中漏掉或缺失的高被引文献，主要是由于任何检索方式都不可能完整包含与领域相关的所有文献，故而需要人工手动添加；三是确定高被引文献数量及选择标准，主要是由于引文网络及主路径分析是建立在有界网络的基础上，一般是以高被引文章为分析对象的；四是应进行参考文献格式的消歧，主要是由于参考文献是建立引用矩阵的纽带，而实际文本数据中格式的混乱容易为矩阵构建的准确性带来问题。因此，5.2.1节将通过以下四个步骤来展开建筑节能领域文献数据的初始化，目的是实现数据的完整性、标准化和统一化，为矩阵构建打下良好的基础。

第一步，将下载的建筑节能领域的文献文本数据导入Histcite软件，在软件界面选择Document Type选项，进而利用tools选项里的Mark & Tag功能剔除review、proceeding paper、letter、book等文献类型，最终仅保留22278篇article类型的文献。保存并导出这22278篇article类型文献。

第二步，将22278篇article类型在Histcite软件打开，选择Cited Reference选项，出现如图5.4所示的建筑节能领域的被引文献列表。其中带有“+”的文献即为被引频次较高而未被包含在下载的建筑节能领域文献题录中的数据。利用此功能，就可以人工一一排查所有被引频次较高的“+”号文献，实现建筑节能领域高被引文献的查漏补缺，最终补充了被引频次在10次以上的121篇相关文献。

#	Author / Year / Journal		Recs
1	Perez-Lombard L, 2008, ENERG BUILDINGS, V40, P394, DOI 10.1016/j.enbuild.2007.03.007	✚ WoS	845
2	Zalba B, 2003, Appl. Thermal Eng., V23, P251	✚ WoS	395
3	Sharma A, 2009, RENEW SUST ENERG REV, V13, P318, DOI 10.1016/j.rser.2007.10.005	WoS	391
4	Crawley DB, 2001, ENERG BUILDINGS, V33, P319, DOI 10.1016/S0378-7788(00)00114-6	WoS	370
5	Swan LG, 2009, RENEW SUST ENERG REV, V13, P1819, DOI 10.1016/j.rser.2008.09.033	WoS	323
6	Crawley DB, 2008, BUILD ENVIRON, V43, P661, DOI 10.1016/j.buildenv.2006.10.027	WoS	321
7	Sartori I, 2007, ENERG BUILDINGS, V39, P249, DOI 10.1016/j.enbuild.2006.07.001	WoS	298
8	Khudhair AM, 2004, ENERG CONVERS MANAGE, V45, P263, DOI 10.1016/S0196-8904(03)00131-6	WoS	297
9	Cabeza LF, 2011, RENEW SUST ENERG REV, V15, P1675, DOI 10.1016/j.rser.2010.11.018	WoS	281
10	Tyagi VV, 2007, RENEW SUST ENERG REV, V11, P1146, DOI 10.1016/j.rser.2005.10.002	WoS	272
11	Farid MM, 2004, ENERG CONVERS MANAGE, V45, P1597, DOI 10.1016/j.enconman.2003.09.015	✚ WoS	265
12	Zhou D, 2012, APPL ENERG, V92, P593, DOI 10.1016/j.apenergy.2011.08.025	WoS	255
13	Fanger P. O., 1970, THERMAL COMFORT ANAL	✚ WoS	251
14	Zhao HX, 2012, RENEW SUST ENERG REV, V16, P3586, DOI 10.1016/j.rser.2012.02.049	WoS	246
15	Marszal AJ, 2011, ENERG BUILDINGS, V43, P971, DOI 10.1016/j.enbuild.2010.12.022	WoS	224

图5.4　Histcite软件缺失文献查找功能

第三步，在保证文献数据类型及完整性的基础上，为了更加充分地挖掘引用信息，本节选择按本地被引频次（LCS）排序的前1346篇文献。LCS（Local Citation Score）用于计算文献在本地数据库的被引次数，是衡量文献在所研究学科领域内重要程度的有效指标。这1346篇文献的LCS值均在20次以上，保证了数据能够涵盖建筑节能领域所有重要的被引较高的文献。使用Histcite软件导出这1346篇文献的文本格式。

第四步，利用CRExplorer软件进行参考文献格式的消歧。将1346篇文本格式数据导入CRExplorer软件，在界面上的Disambiguation功能下选择Cluster equivalent Cited References选项，进而在匹配程度标尺下选择匹配度85%，匹配标准下选择Page或DOI，即可得参考文献格式的相似性列表。其中最主要的有3个指标，CID_S是将高度相似的文献格式归为一类，CID2是用于指出哪几篇文献格式归属于同一个类中，CR是文章的引文格式，可以让学者人工判断是否是同一篇引文。在此基础进一步利用界面的Same、Different、Extract、Undo功能多次手动进行建筑节能领域引文的聚类和分离操作，在引文格式聚类检查无误后，最终利用Disambiguation下的Merge clustered Cited References选项进行参考文献格式的合并工作。

CRExplorer软件是普赖斯奖获得者Loet Leydesdorff教授和科学计量领域知名学者Lutz Bornmann教授、Werner Marx教授、Andreas Thor教授在2016年共同开发的一款可用于引文出版年光谱（Reference publication year spectroscopy，RPYS）分析的软件，该软件的主要功能是通过分析引文的年度波动规律来探寻一个学科领域的历史发展根源。本节选择CRExplorer软件是因为其特有的消歧功能能够合并作者名字、期刊、卷期号等简写不同或字母书写错误的引文格式，并统一使所有的参考文献都包含相应的DOI号码，实现数据格式的标准化和统一化。除此之外，CRExplorer软件能够导出的CSV（Graph）、CSV（Cited References）、CSV（Citing References）、CSV（Cited References+ Citing References）四种文献数据组合方式也是本节选择该软件的第二大原因。因为将消歧后数据导出为CSV（Cited References+ Citing References）组合，能够更加清晰地展示这1346篇文章及其42150个参考文献之间的关系，有助于5.2.2节引用矩阵的构建。

5.2.2 建筑节能领域引用矩阵的构建算法

引用矩阵是引文网络可视化展示的基础。因此构建建筑节能领域引文网络的重点是建立文献之间的引用矩阵。从原理上来说，引用矩阵反映的是施引文献和被引文献之间的引用关系，而引用关系最直接的体现就是文章中的参考文献列表，其中参考文献构成了被引文献，而引用这些参考文献的文章形成施引文献。以图3.5中左表A-E五篇文章为例来说，A的参考文献里有B，说明A引用了B，同样C引用了A和B，D引用了A和C，E引用了B、C、D，因此可以形成如图5.5中右表所示的矩阵结构图，其中矩阵的行代表施引文献，矩阵的列构成被引文献。从该示例结构图可以看出，引用矩阵是一个二进制矩阵，且是一个非循环非对称的有向邻接矩阵，即若文章C引用了文章A，则不存在A引用C的现象。这也说明了引用关系一个基本的时间原则和知识的继承顺序，学者是在前人知识成果的基础上形成新的研究成果，即“站在巨人的肩膀上”。从根本上讲，引用关系反映了知识间的流动与渗透，体现了知识生产和传播的过程。

文献	A	B	C	D	E
参考文献	F	J	A	O	B
	B	G	B	A	C
	H	K	M	C	D
	I	L	N	P	Q

⇨

文献	A	B	C	D	E
A	0	0	1	1	0
B	1	0	1	0	1
C	0	0	0	1	1
D	0	0	0	0	1
E	0	0	0	0	0

图5.5　矩阵构建示例图

根据上述矩阵建立的基本原理，可以发现如何判断每篇文章都被其他哪些文章引用是构建矩阵的关键，即怎样识别图5.5中“文献A=参考文献A”？在数据量较少的情况下，可以通过人工方式一一判断每篇文章的被引情况，但面对建筑节能领域1346篇高被引文章，只能采用机器识别的方式以实现引用的匹配。在Web of Science数据库导出的数据文本中，参考文献的标准格式包含了作者、发表年份、期刊、卷期页码和DOI号，例如HAWES DW，1989，SOL ENERG MATER，V19，P335，DOI 10.1016/0165-1633(89)90014-2这种形式。然而该格式中并没有大家通常能想到的文章标题用于“文献A=参考文献A”的匹配，除此之外能唯一代表一篇文章的还有DOI号，因此5.2.2节使用文章的身份证DOI号来进行引用的匹配。此外，使用DOI号构建引用关系的另一个优势是在5.2.1节的初始化中，本书已经通过消歧的方式确保了所有的参考文献含有DOI号（文章本身没有DOI号的除外），这就为5.2.2节研究打下良好的数据基础。

CRExplorer软件拥有的CSV（Cited References+ Citing References）导出模式为5.2.2节以DOI号构建引用矩阵提供了清晰的数据关系。将CRExplorer软件导出的

1346篇建筑节能领域文献导入Excel表中，去除所有无用指标，利用LOWER函数统一所有DOI号中字母的大小写后，最终形成了如表5.1所示的标准数据结构。其中ID为每篇文章的编号，P-DOI为每篇文章的DOI号，C-DOI为每篇文章参考文献的DOI号，CR为参考文献。根据表5.1可以得出5.2.2节所要构建的1346 × 1346邻接矩阵的基本逻辑，即若第i篇文章中的某篇参考文献的DOI与第j篇文章的DOI完全一致，则说明第i篇文章引用了第j篇文章，进而在引用矩阵的j行i列赋值1。据此构建直接引文网络，本书利用两种方式编制了相应的算法：一是用MATLAB软件编制程序；二是利用Python语言编写程序代码。

引用矩阵构建的标准数据格式 **表5.1**

ID	P-DOI	C-DOI	CR
1	10.1016/j.enbuild.2014.04.027	10.1016/0165-1633(89)90014-2	HAWES DW，1989，SOL ENERG MATER，V19，P335，DOI 10.1016/0165-1633(89)90014-2
1	10.1016/j.enbuild.2014.04.027	10.1016/j.enbuild.2006.03.030	Cabeza LF，2007，ENERG BUILDINGS，V39，P113，DOI 10.1016/j.enbuild.2006.03.030
1	10.1016/j.enbuild.2014.04.027	10.1016/j.solener.2011.02.017	Entrop AG，2011，SOL ENERGY，V85，P1007，DOI 10.1016/j.solener.2011.02.017
1	10.1016/j.enbuild.2014.04.027	10.1016/j.applthermaleng.2007.04.016	Pasupathy A，2008，APPL THERM ENG，V28，P556，DOI 10.1016/j.applthermaleng.2007.04.016
1	10.1016/j.enbuild.2014.04.027	10.1016/j.enbuild.2012.01.026	Oliver A，2012，ENERG BUILDINGS，V48，P1，DOI 10.1016/j.enbuild.2012.01.026
2	10.1016/j.builenv.2005.11.001	10.1016/s0360-5442(98)00079-6	Balaras CA，1999，ENERGY，V24，P335，DOI 10.1016/S0360-5442(98)00079-6
2	10.1016/j.builenv.2005.11.001	10.1016/s0306-2619(03)00059-x	Chwieduk D，2003，APPL ENERG，V76，P211，DOI 10.1016/S0306-2619(03)00059-X
2	10.1016/j.builenv.2005.11.001	10.1016/s0196-8904(03)00160-2	Mirasgedis S，2004，ENERG CONVERS MANAGE，V45，P537，DOI 10.1016/S0196-8904(03)00160-2
……	……	……	……
1346	10.1016/j.enbuild.2011.10.040	10.1016/J.buildenv.2005.01.031	Muhaisen AS，2006，BUILD ENVIRON，V41，P245，DOI 10.1016/j.buildenv.2005.01.031
1346	10.1016/j.enbuild.2005.06.015	10.1016/s0141-3910(01)00067-2	Moller K，2001，POLYM DEGRAD STABIL，V73，P69，DOI 10.1016/S0141-3910(01)00067-2
1346	10.1016/j.enbuild.2005.06.015	10.1080/0961321042000189644	Ghazi Wakili K，2004，BUILD RES INF，V32，P293，DOI 10.1080/0961321042000189644
……	……	……	……

在MATLAB中编制直接引用矩阵的算法流程图如图5.6所示，在图5.6所示的流程中，首先锁定了需要进行算法设计的文件citation standard data，并定义了文章编号ID、文章DOI号P-DOI、文章参考文献C-DOI号三个变量；其次确定了建筑节能领域直接引用的邻接矩阵形式，并全部赋值为0；最后通过引用信息进行了关系的匹配，并将矩阵中具有施引和被引关系的单元格赋值为1。利用Python语言编制的引用矩阵算法在附表G中可以进行查看。

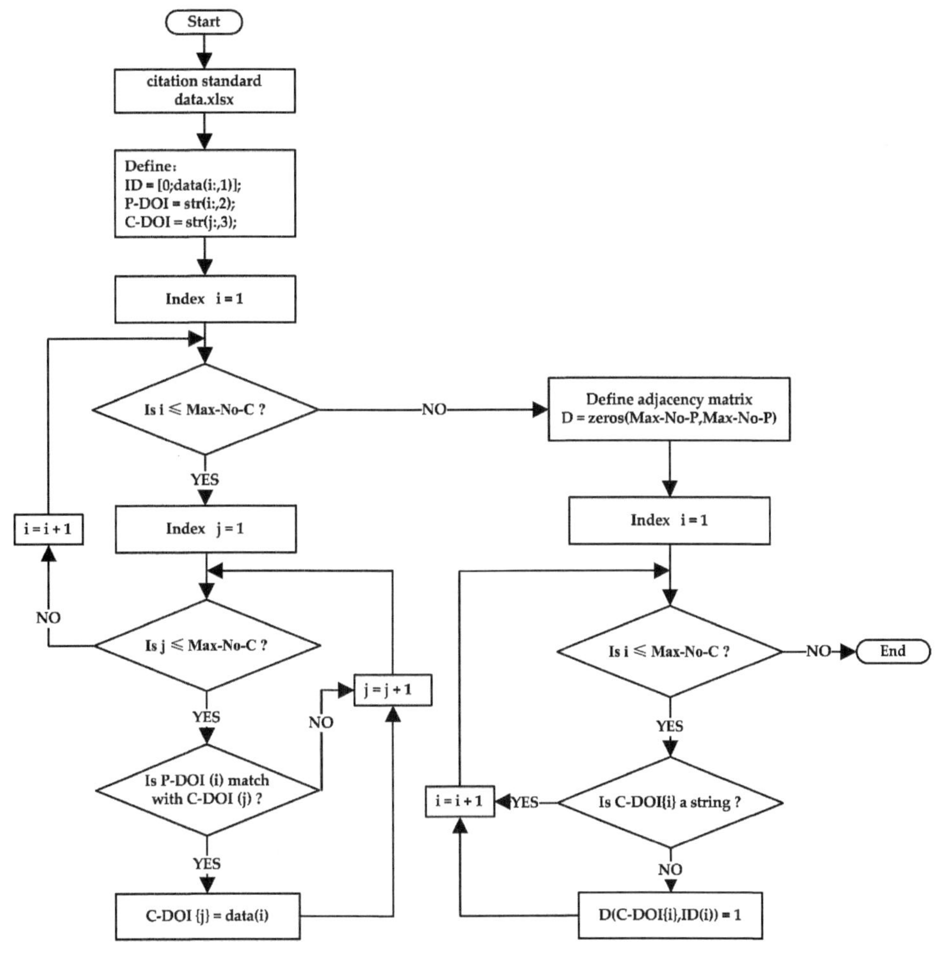

图5.6　矩阵构建算法流程图

具体的matlab算法如下所示，包括了算法定义及通用代码。

- Max-No-PMaximum number of papers in the citation standard data
- Max-No-CMaximum number of references in the citation standard data

```
Algorithm 1: Establish a citation matrix algorithm
Import standardized data
[data, str] = xlsread('citation standard data.xlsx');
ID = [0; data(:, 1)];
P-DOI = str(:, 2);
C-DOI = str(:, 3);
Output adjacency matrix
D = zeros(Max-No-P, Max-No-P);
Match literature citation information
for i = 1: Max-No-C
   for j = 1: Max-No-C
      ifstrcmpi(P-DOI(i), C-DOI(j))==1
         C-DOI {j} = data(i);
      end
   end
end
for i = 1: Max-No-C
   ifischar(C-DOI{i})==0
      D(C-DOI{i}, ID(i))= 1;
   end
end
```

在MATLAB软件及Python中分别运行算法后，得到建筑节能领域直接引用矩阵，其中矩阵的列为施引文献，矩阵的行为被引文献，共同构成了代表直接引用邻接关系的0-1矩阵。此外，通过对比两种算法运行后的输出矩阵，可以发现这两种算法输出结果一致，能够起到相互验证的作用。这两种算法的不同之处在于，MATLAB所编制的算法逻辑简单清晰，易于理解，但是运行时确需要耗费大量的时间才能得出结果，Python所编写的算法更为复杂更为具体，不容易理解，但运算效率较MATLAB却提高很多，更加快速。表5.2给出了建筑节能领域直接引用矩阵的部分数据，由于空间限制此处未能完整展示整个矩阵数据，若要查看完整矩阵数据列表可在电子附件1中查看。

领域直接引用关系矩阵表 表5.2

文献	1	2	3	4	5	6	7	8	9	10	……	……	1342	1343	1344	1345	1346
1	0	0	0	0	0	1	0	0	0	0	……	……	0	0	0	0	0
2	0	0	0	0	0	0	0	0	0	0	……	……	0	0	0	0	0
3	0	0	0	0	0	0	0	0	0	0	……	……	0	0	0	0	0
4	0	0	0	0	0	0	0	0	0	0	……	……	0	0	0	0	0
5	0	0	0	0	0	0	0	0	0	0	……	……	0	0	0	0	0
6	0	0	0	0	0	0	0	0	0	0	……	……	0	0	0	1	0
7	0	0	0	0	0	0	0	0	0	0	……	……	0	0	0	0	0
8	0	0	0	0	0	0	0	0	0	0	……	……	0	0	0	0	0

续表

文献	1	2	3	4	5	6	7	8	9	10	……	……	1342	1343	1344	1345	1346
9	0	0	0	0	0	0	0	0	0	0	……	……	0	0	0	0	0
10	0	0	0	0	0	0	0	0	0	0	……	……	0	0	0	0	0
……	……	……	……	……	……	……	……	……	……	……	……	……	……	……	……	……	……
……	……	……	……	……	……	……	……	……	……	……	……	……	……	……	……	……	……
1342	0	0	0	0	0	0	0	0	0	0	……	……	0	0	0	0	0
1343	0	0	0	1	0	0	0	0	0	0	……	……	0	0	0	0	0
1344	0	0	0	0	0	0	0	0	0	0	……	……	0	0	0	0	0
1345	0	0	0	0	0	0	0	0	0	0	……	……	0	0	0	0	0
1346	0	0	0	0	0	0	0	0	0	0	……	……	0	0	0	0	0

5.2.3 建筑节能领域引文网络的可视化

5.2.2节运行算法所得到的建筑节能领域的直接引用矩阵为表格形式，将其转化为CSV格式后再转化为TXT格式，在进一步可转化为Pajek软件所能够识别的net文件格式。Pajek软件是一款社会网络分析工具，可用于分析和可视化各种复杂非线性网络结构。将建筑节能领域直接引用矩阵的net文件导入Pajek软件中，首先需要去除网络中的孤立节点和孤立组元，保留最大子网，具体操作为Network→Create New Network→Transform→Reduction→Hierarchy。在此基础，网络布局选择Kamada-Kawai算法下的Separate components即可得建筑节能领域直接引文网络，如图5.7所示。

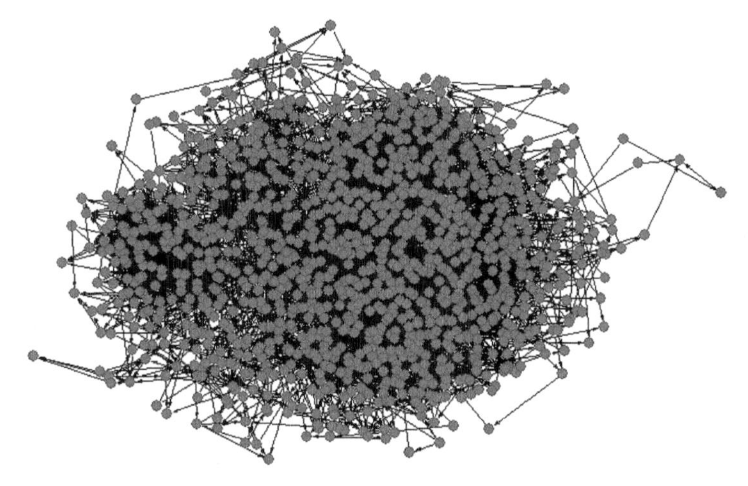

图5.7　领域直接引文网络图

图5.7展示了建筑节能领域的直接引文网络，其中节点代表本书所收集的建筑节能领域文献，节点的连线反映了这两篇文章有引用关系，连线的有向箭头则反映了引用的方向，即后来的文献引用之前的文献。该网络的节点数为1337，网络的总联系边数为7377，网络的平均密度为0.0045，由于节点数与网络密度成反比，故而节点数越多则网络密度越低；此外网络的平均度为9.63，即网络中任意节点平均与其他9个节点相连接；网络平均最短路径为3.18，即建筑节能领域的任一文献平均最少需经过与它相连的3个节点即可与另一任一节点相联系。网络的聚类系数反映了网络中节点聚集在一起的程度，一般在社交网络中个体倾向于创建紧密结合的群体，而建筑节能领域直接引文网络的聚类系数为0.104，相对较低，因为一般情况下直接引文网络的局部聚类程度相对较高，因此整体聚类系数会相对较低。

上一段从整体网络属性分析了建筑节能领域的直接引文网络，本段则从节点的网络参数分析了该领域的直接引文网络。在有向网络中，节点的度值分为出度和入度两个指标，节点的中介中心性则不区分出入和入度，而节点的度中心性和接近中心性又区分出度和入度，由于节点度值、度中心性、接近中心性的参数数值排序一致，因此5.2.3节只考察出度、入度和中介中心性三个指标。具体建筑节能领域直接引文网络的这三个网络参数指标如表5.3所示。值得注意的是表5.3所列重要节点参数与第4章所列的中心性节点参数是不同的，因为第4章的节点对象是参考文献，而本章的节点对象为施引文献，即所下载的建筑节能领域文章。

直接引文网络重要节点参数信息 **表5.3**

出度		入度		中介中心性	
文献	数值	文献	数值	文献	数值
Crawley DB，2001	51	Chau CK，2015	40	Hamdy M，2013	1.167E-03
Crawley DB，2008	38	Santamouris M，2014	39	Rijal HB，2007	1.118E-03
Nicol JF，2002	37	Mauro GM，2015	33	Ascione F，2014	1.026E-03
Cabeza LF，2007	36	Hong TZ，2015	30	Wan KKW，2012	9.918E-04
Oldewurtel F，2012	36	Sharma RK，2015	30	Olofsson T，2012	9.277E-04
Sartori I，2012	35	Atmaca A，2015	30	Masoso OT，2008	8.642E-04
Scheuer C，2003	32	Alam M，2014	27	Radhi H，2009	8.599E-04
Thormark C，2002	31	Ascione F，2014	27	Marszal AJ，2011	8.206E-04
Reinhart CF，2004	30	Proietti S，2013	27	Ascione F，2013	8.176E-04
Santin OG，2009	30	Asadi S，2014	26	Popescu D，2012	7.762E-04

表5.3给出了建筑节能领域引文网络中重要文献节点的参数信息，包括文献节点的出度、入度和中介中心性。文献节点的出度表示了从该文献节点指向其他文献节点的有向弧的数量，反映了文献节点的被引频次，表中Crawley DB，2001、Crawley DB，2008、Nicol JF，2002这三篇文章的出度值最高，是该领域经典的高被引文献。文章Crawley DB，2001介绍了美国联邦机构开发的新型建筑能耗模拟工具EnergyPlus，该工具成为后来学者研究的有力工具；文章Crawley DB，2008则比较报告了20个主要建筑能源模拟工具的特征和功能；文章Nicol JF，2002提出最佳舒适温度、舒适环境范围和室内温度最大变化率的建议，为后来的学者高度认可。入度代表了其他节点指向该节点的弧的数目，反映了节点文章引用本地数据集中被引频次高于20次的文献的数目，表中Chau CK，2015引用了40篇被引频次高于20次的文献，Santamouris M，2014引用了39篇被引频次高于20次的文献，而Mauro GM，2015则引用了33篇。中介中心性是指经过某个节点的最短路径的数目，通常用于反映节点是否处于网络的核心位置，表中Hamdy M，2013、Rijal HB，2007、Ascione F，2014的中介中心性最高，说明了这三篇文章是联系建筑节能领域整个引文网络的关键性文章。

5.3 建筑节能全领域知识路径分析

5.3.1 主路径原理及流程

主路径方法的基础思想是若要将引文网络中的其他论文连接，则应在多大程度上需要某条引文关系，其中程度值的衡量是关键，即主路径中的遍历计数值或遍历权值。在引文网络中，定义源点为自身被引用而不引用其他节点的节点，汇点为引用其他节点而自身不被引用的节点，因此遍历权值的计算原理为，首先计算从每个原点到每个汇点中经过某条指定引文关系的途径数量，其次计算每个原点指向每个汇点的所有途径的总数量，最后计算经过指定引文关系的途径数占网络中原点到汇点间途径的总数量，所得即为引文关系的标准化遍历权重。目前遍历权值的计算方法有四种，即节点对投影计数（NPPC）、搜索路径链路计数（SPLC）、搜索路径节点对（SPNP）、搜索路径计数（SPC）算法。本书使用pajek软件的开发者Batagelj所提出的SPC算法计算物联网领域的主路径，该算法的基本公式如下：

（1）计算某弧段$arc(u, v)$的遍历权值$N(u, v)$

在引文网络中，定义$N(u, v)$为从源点s到汇点t的所有途径中经过途径arc

(u, v) 的次数。为了计算$N(u, v)$，在此我们引入两个辅助量：令$N^-(v)$代表$s-v$的途径数量，令$N^+(v)$代表$v-t$的途径数量。故而包含了arc(u, v)的每个$s-t$路径π可以被唯一地表示为：

$$\pi=\sigma\&(u, v)\&\tau$$

式中，σ代表了$s-u$路径，τ代表了$v-t$路径。由于每对(σ, τ)路径给出了一个对应的$s-t$路径，因此$N(u, v)$可以表示为：

$$N(u, v)=N^-(u)\cdot N^+(v), \quad (u, v)\in R$$

其中，$N^-(u)=\begin{cases} 1 & u=s \\ \sum_{v:vRu} N^-(v) & \text{otherwise} \end{cases}$；

$$N^+(u)=\begin{cases} 1 & u=t \\ \sum_{v:u\,Rv} N^+(v) & \text{otherwise} \end{cases}$$

（2）计算弧段arc(u, v)的标准遍历权重$w(u, v)$

依据基尔霍夫（Kirchoff's）的节点定律，引文网络中的总流入就等于$N(s, t)$，据此我们可以得到一个标准化权值的自然方法：

$$w(u,v)=\frac{N(u,v)}{N(s,t)} \Rightarrow \quad 0\leqslant w(u, v)\leqslant 1$$

如果C是一个最小的arc-cut-set，则

$$\sum_{(u,v)\in C} w(u,v)=1$$

以上算法为主路径权值计算的基本原理，该算法已经内嵌于社会网络分析软件Pajek中，故而我们可以在Pajek软件中实现网络文件主路径的提取，具体流程如下：

（1）提取引文网络中的最大组件

在网络实现过程中，第一步先要划分组件，第二步提取网络中的最大组件。

第一步：Network→Create partition→Components→Weak

第二步：Operations→Network + Partition→Extract→SubNetwork Induced by Union of Selected Clusters→Choose cluster 1

（2）移除最大组件中的强组元

第一步：Network→Create partition→Components→Strong

第二步：Operations→Network + Partition→Shrink network→[use default values]

（3）移除引文网络中的环

引文网络的基本逻辑是后来的文章引用之前发表的文章，是一条单向的网络，但在实际中，由于预印本及开源期刊发表速度很快，所以存在先发表的文章引用后来发表的文章，导致网络中环的出现。在进行主路径分析时需要去掉这些环的影响，如下，

Network→Create new network→Transform→Remove→Loops

（4）创建主路径

引文网络在修剪为标准网络后，便可提取主路径，第一步计算网络的SPC权值，第二步提取主路径。

第一步：Network→Acyclic Network→Create weighted Network + Vector→Traversal Weights→Search Path Count（SPC）

第二步：Network→Acyclic Network→Create（Sub）Network→Main Paths→Global Search→Key-Route

形成主路径的方法包括本地主路径和全局主路径。本地主路径从源到宿逐个搜索具有最高权重的链路，能够很快发现网络中权重值最高的节点及相应链接，但使用本地主路径形成的主要路径可能不是具有最大全局权重的路径。为了解决这个问题，全局主路径首先在源和汇之间的所有链路中识别具有最大总权重的路径，该路径上所有节点的权重偏差在一定的范围内，不会存在某些节点的权重过小而某些节点的权重又过大。这种方法体现了知识之间的传承作用，所选路径中的文献节点反映了某一细分研究历史发展中的关键知识节点。

5.3.2 全领域主路径知识识别

本书采用全局主路径方法来提取建筑节能领域的关键主路径，但是在Pajek软件中，提取的主路径数量是可以自己灵活设定的，此时就需要谨慎考虑。一方面，主路径数量过少导致对领域识别过于片面，以建筑节能领域为例，在选择1～5条主路径时，仅能识别出1条有关相变材料的主路径，而这并不能反映建筑节能全领域的主路径；另一方面，当数量选择过多时，则会导致主路径上包括不太重要的引用链接路径，这模糊了对知识路径的分析。极端情况下，关键路径将成为原始引文网络，违背了应用主路径分析的目的。因此本书通过从具有最高SPC值的10个、20个、30个和40个链路选择来探索建筑节能全领域的知识路径，最终发现当引用链路为20～30时表现出清晰的路径关系。当链路数量继续增加时，不太重要的链

路会模糊原有的清晰的路径结构。因此，本书基于30个链路来建立建筑节能领域的知识路径，结果如图5.8所示。图5.8中每个节点代表一篇文章，箭头连线表示文章之间的引用和被引用关系，表明了知识之间的流动。

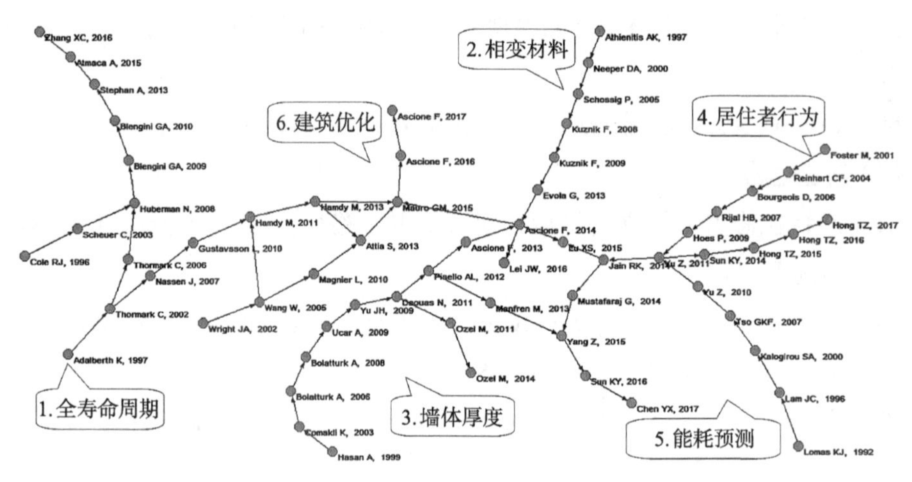

图5.8 全领域知识发展路径图

图5.8展示了建筑节能全领域的发展主路径，路径上共包含了63个文献节点，这些节点不仅拥有高的SPC值，而且通过调查后发现也拥有较高的本地被引频次（本地被引频次是在本领域内部的被引次数），说明这些文章在领域内也拥有高的影响力。图5.8中可以看到有6条清晰的分支路径，其中通过对路径1中关键节点文献的定性解读，可发现为全寿命周期研究，同理可知路径2为相变材料研究，路径3为墙体保温隔热材料厚度研究，路径4为居住者行为研究，路径5为建筑能耗预测研究，第6个路径为建筑设计及费用优化研究。这6个路径相对清晰，同时结合5.4节对各知识域关键路径的分析，可知图5.8中路径4-5-6属于建筑能效知识域的知识路径，路径3属于外围护结构知识域墙体部分的知识路径，因此本节则对位于不同路径之间的连接节点进行详细解读，而在5.4节建筑节能领域的知识域路径识别中则对图5.8中的部分重要节点进行解读。连接节点的具体文献信息在附表H中给出。

（1）路径1→Nassen J，2007→Gustavsson L，2010→路径6

路径1为建筑节能领域的全寿命周期分析研究，文章Nassen J，2007使用建筑生命周期中自上而下和自下而上的能源分析估计了生产阶段的一次能源消耗，文章Gustavsson L，2010认为建筑物生命周期的一次能源使用还取决于能源供应系统，因此他根据Nassen J的分析方法，比较不同建筑及供应系统在生产和运营阶段的一次能源使用和二氧化碳排放的关系。Hamdy M，2011在文中写到“Gustavsson和Joelsson的研究结果显示，20世纪70年代的单户住宅采用基于生物质的区域供热和热电联产加热，与使用燃料电加热相比，其运行一次能源使用率降低了70%”。然而他认为不考虑经济学，研究将导致昂贵的环境解决方案。因此他应用多目标优化方法来研究如何设计低排放、经济有效的住宅。此后链接到建筑优化问题的研究。

（2）路径3→Pisello AL，2012→Ascione F，2013→路径2

路径3研究了墙体保温隔热层的厚度对建筑物能效的影响，文章Pisello AL，2012从建筑布局、墙体材料与绝缘厚度、屋顶反射率、太阳能热增益系数这几个包层属性建立动态模拟来评估建筑物能效。Ascione F，2013在文中回顾学者利用动态模拟研究了不同建筑及部件对象，他则使用动态模拟研究了绿色屋顶的能效。Ascione F，2014则在建筑外壳中集成相变材料，通过每小时动态能耗模拟，计算出可实现的冷却能量节省。此后链接到相变材料研究。

（3）路径3→Pisello AL，2012→Manfren M，2013→路径5

与上条相同，由对路径3墙体隔热材料厚度的研究转为对包括墙体属性在内的建筑能效的动态模拟研究。文章Manfren M，2013则使用了Pisello AL，2012中的案例数据，并在文中指出使用最近改造和监测的现有建筑作为案例研究，因为能够获取可用的模型校准现场数据。此后链接到建筑能量模拟模型研究。

（4）路径2→Lu XS，2015→路径5

Lu XS，2015介绍了一种新的能源需求预测方法，解决了建筑物能源建模中的异质性挑战。该文在引言中写到“Ascione F，2014应用物理模型来预测冷却节能，参考一个隔热良好的大型建筑，以研究相变材料在冷却季节对外部建筑围护结构的影响。物理模型可以提供对一般物理机制和潜在知识的宝贵见解，但通常仅限于简单系统。建筑物，特别是大型或复杂的建筑物，由于其多样化的能源系统之间存在多种联系，因此具有固有的复杂性和非线性。模型方程的简化和对复杂系统下的物理机制缺乏了解可能导致精度不足或结果不正确。因此，许多物理模型仅适用于难以概括的微尺度验证。与物理模型相比，基于实验数据构建统计模型，可以灵活应对各种复杂性。例如，Jain RK，2014应用统计机器学习模型来预测住宅建筑的能耗和负荷。”

从上述对文献的解释我们可以分析引用主路径的知识传播作用，首先，文章之间具有单向的引用关系，表示了知识的关联性与传播方向；其次，所选文章均为被引频次较高的文章，表示了知识的影响力，依据这两条就可构建一条知识传播路径。然而知识传播路径上的文献是否一定具有创新性吗？即后发表的文章在此前发表文章的基础上所做的创新。在实际中并不尽然如此，随着社会的发展，研究问题也是越来越复杂，而要解决这个问题也越来越需要各种领域知识的综合应用，因此一篇文章的完成需要参考多个方面、多个领域的理论和方法知识，所引用的每一篇文献仅是对文章的一部分做出了贡献。通过5.3节以及5.4节的分析，发现引用的表现形式或为引言中对本领域之前研究的总结，或为方法部分作为方法应用的介绍，或为内容部分作为本研究细节操作的理论依据，所以知识路径也会表现为不同的发展形式，这在5.4节的建筑节能领域各知识域的主路径知识主题识别中也会看到。

5.4 建筑节能领域各知识域主题路径识别

5.4.1 建筑能效知识域研究主题识别

在建筑节能领域的数据集中，提取有关建筑能效研究的文献信息，进而利用本章5.2节所提出的算法来构建建筑能效知识域的直接引文网络。在此基础，利用Pajek软件提取了建筑能效知识域的关键主路径，经软件操作最终发现包含了三条关键路径，通过对关键路径上文献的定性解读，可知建筑能效知识域包含的三个知识主题分别为居住者行为研究知识主题、建筑能耗预测研究知识主题、建筑节能优化研究知识主题。各主题的文献可在附表H中查看。

（1）居住者行为研究

建筑能源消耗与居民的生活方式密切相关，除技术措施以外，居住者行为是影响建筑能源效率的重要因素之一。图5.9给出了居住者行为知识路径的节点文献。早在2001年，Foster M就认为被动居住者行为是影响建筑环境的关键因素。Reinhart CF于2004年在此基础上做了补充，他以Lightswitch-2002算法模拟了多种不同居住者之间控制行为的变化。Rijal HB在2007年则调查了居民的开窗行为对舒适度和能源使用的影响。此后Yu Z在2011年通过聚类技术开发的一种数据分析方法，以解决在识别居住者行为的个体影响时缺乏精确性的问题；2014年Sun KY又研究了加班行为对建筑能量模拟的影响；这之后学者Hong TZ对居住者行为做了一系列的研究，通过对已发表的130多篇居住者行为研究成果的系统梳理后，将研究重点放在居住者行为的标准化上，并且认为以往研究对居住者的行为进行了过度简化，此后又提出了居住者行为研究的重要问题，旨在为研究人员、设计师和政策制定者提供对居住者行为的洞察和激发创新的研究和应用。

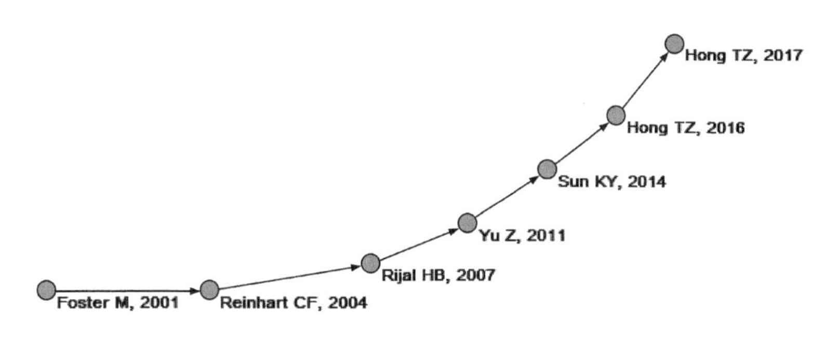

图5.9　居住者行为知识路径图

（2）建筑能耗预测研究

建筑物的能耗分析需要建立在有效表征具体项目的数学或物理模型的基础上，通过计算、模拟来评估和预测建筑的用能情况。图5.10给出了能耗预测主题的关键路径文献。早在20世纪90年代学者Lomas KJ就采用灵敏度分析技术进行建筑能源性能的评估。此后2000年Kalogirou SA提出以人工神经网络方法来预测各指标下的建筑能耗的方法。2007年学者Tso GKF则比较了回归分析、神经网络等方法在预测建筑能耗消费方面的准确性。2010年Yu Z又提出一种新的决策树方法来预测建筑能源需求。2014年Jain RK则利用支持向量回归来模拟和预测多户住宅建筑能耗。能耗预测中对预测精度的要求也越来越高，学者对于预测模型的校准也进行了研究。2016年Sun KY指出当下没有一种具体的方法用于校准建筑能量模型，缺乏一种正式的方法会导致"高度依赖分析师进行校准的个人判断"，因此提出了一种新颖的自动模型校准方法，来对基于数学模型的能耗预测进行自动校准。

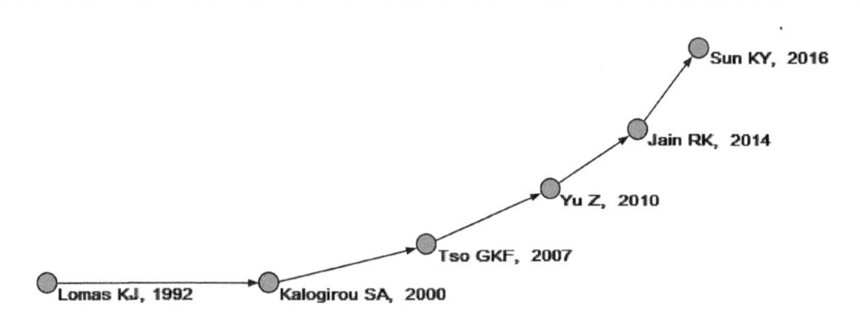

图5.10　建筑能耗预测知识路径图

（3）建筑节能优化研究

图5.11展示了建筑节能优化主题的知识路径文献。建筑节能优化是通过对建筑设计参数指标及相应费用的优化来使建筑节能达到尽可能完善、实用或有效的过程。在如何选择好的建筑性能优化方案这个问题上，多个研究者做出了相应的

努力，2002年学者Wright JA应用多目标遗传算法探索运行能源成本和居住者热舒适这两个参数之间的热能优化问题。2005年学者Wang WM则提出了一种更加注重环境目标的多目标优化模型。2010年学者Magnier L基于TRNSYS仿真、遗传算法和人工神经网络提出一种快速有效的多目标优化设计方法。Attia S在2013年发现在净零能耗建筑设计中集成具有适应性特点的进化算法非常有用，Mauro GM在2015年引入了一种的旨在为建筑提供稳健的成本最优能源改造解决方案SLABE。建筑性能的多目标优化及如何快速计算出建筑优化方案方面的研究还在继续深入，Ascione F于2016年制作了一种基于仿真的包括空间调节和热舒适运行成本的多目标优化预测控制（MPC）程序。

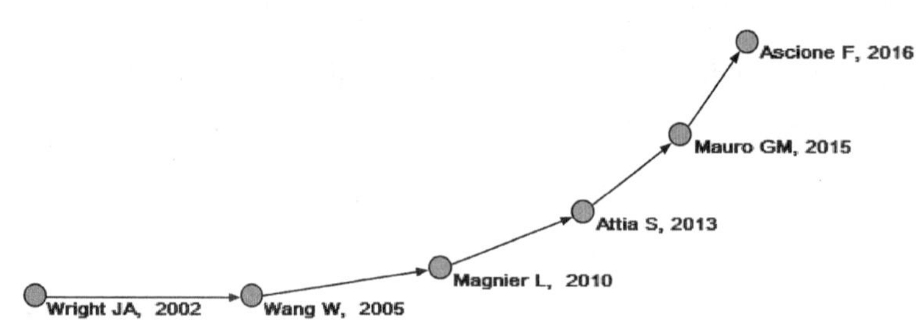

图5.11　建筑节能优化知识路径图

5.4.2 相变材料知识域研究主题识别

降低建筑能耗需求的一个有效方式是使用热能存储，能量通过热能存储材料以三种方式存储，即显热、潜热或化学反应，而以潜热热能存储为原理的相变材料（PCM）是建筑节能领域一种很有前景的技术应用。在建筑节能领域的数据集中，提取有关相变材料研究的文献信息，进而利用本章5.2节所提出的算法来构建相变材料知识域的直接引文网络。在此基础，利用Pajek软件提取了相变材料知识域的关键主路径，最终发现包含了三条关键路径，通过对关键路径上文献的定性解读，可知相变材料知识域包含的三个知识主题分别为相变材料的热性能、墙体用相变材料、混凝土用相变材料。各主题的文献可在附表H中查看。

（1）相变材料的热性能研究

图5.12为热性能主题知识路径的关键文献。研究者一直致力于开发具有良好热可靠性和化学稳定性的相变材料（PCM）。2004年学者Sari A发现形态稳定的石蜡/高密度聚乙烯复合材料具有良好的潜热热能存储能力，此后的2009年和2012年，该学者又发现棕榈酸（PA）/膨胀石墨（EG）复合材料和某些脂肪酸酯/建筑材

料复合材料是在建筑节能领域具有巨大应用潜力的PCA材料。2008年Alkan C对形状稳定的脂肪酸/ PMMA复合材料进行了相关实验，结果显示该复合材料对于某些实际的LHTES应用具有重要的潜力。Sun ZM在2013年则开发了石蜡/煅烧硅藻土复合材料，并认为其具有实用意义和良好的潜在应用价值。Xiong WL在2015年则探索了基于聚乙二醇（PEG）的复合材料的光热能转化。可以看出，开发不同的相变材料并对其热性能进行评估，并将其应用于建筑结构来提高建筑的能源使用效率是热性能研究的重点。

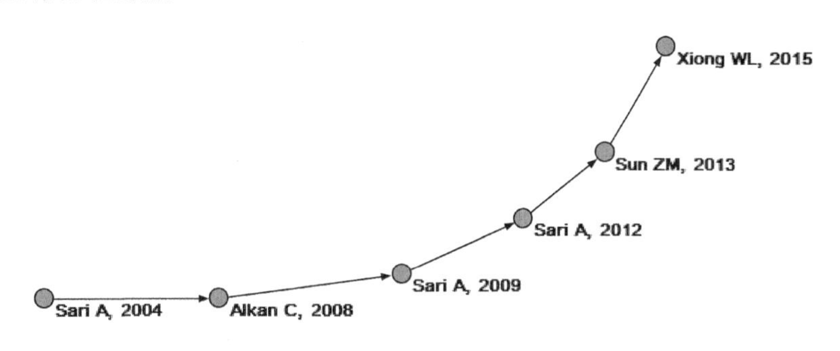

图5.12　相变材料热性能知识路径图

（2）墙体中相变材料研究

图5.13是墙体相变材料研究的知识路径文献。相变材料应用于墙体之中，可以有效调节室内外的温度。1997年学者Athienitis AK将PCM引入建筑墙体材料中，在实验中使用浸渍有PCM的石膏板作为内墙衬里，表明PCM材料能够有效降低建筑能耗和防止室内环境过热。此后学者Neeper DA深入探究了PCM墙板的热动力学机制，认为PCM的熔化温度接近平均室温可发生最大的昼夜储能效应，给出了相变材料应用的科学理论基础。2006年Carbonari A则通过一种有限元数值算法验证了包含PCM的预制墙的能量表现。2008年Kuznik F在全尺寸实验室研究了新型

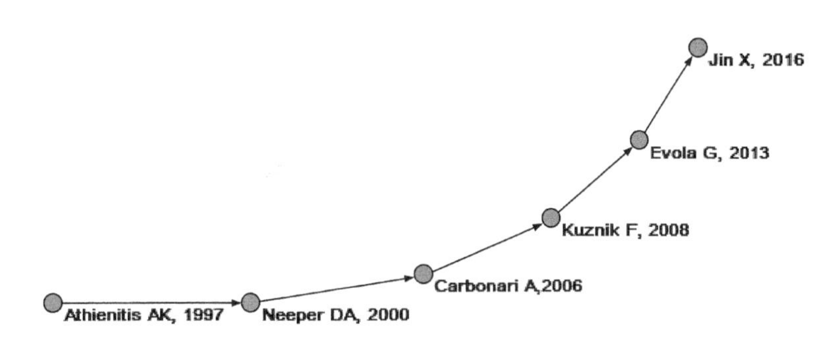

图5.13　墙体相变材料知识路径图

PCM材料的热性能，发现将PCM结合到轻质墙板中可以显著降低建筑物的峰值温度和气温波动。此后2013年Evola G提出一种综合评估PCM在提高轻质建筑热舒适性方面有效性的方法，并且该方法可用于帮助检测最合适的PCM及其安装模式。2016年Jin X研究了墙体中相变材料层的最佳位置，来实现热质量的增加和峰值热通量的减少。

（3）混凝土中相变材料研究

图5.14展示了混凝土相变材料的知识路径文献。混凝土建筑材料中使用有机相变材料（PCM）进行蓄热的问题，引起了研究者对此进行改善热性能的研究（Hawes DW，1992）。Hunger M，2009尝试探究了含微囊相变材料的自密实混凝土的性能，发现PCM量的增加可以显著提高混凝土的热性能，但是对混凝土的强度产生了一些负面影响。Entrop AG于2011年在Hunger M研究的基础上，将微胶囊相变材料应用在混凝土地板中，结果显示出相变材料混凝土具有较好的热性能。Memon SA在2015年研究发现宏封装的石蜡多孔轻质骨料作为PCM载体与混凝土结合时，具有通过降低室内温度来降低能耗的功能。Cui HZ在2017年则在用空心钢球开发具有创新的宏包PCM的结构功能集成储能混凝土方面进行了探索。

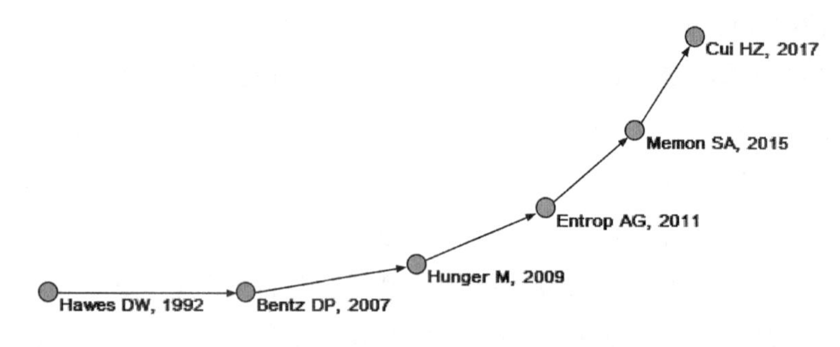

图5.14　混凝土相变材料知识路径图

5.4.3 全寿命周期知识域研究主题识别

全寿命周期能源是指从建筑建造、使用到最终拆除中与建筑相关的所有能源需求。建筑的生命周期能源包括物化能和运行能。在建筑节能领域的数据集中，提取有关全寿命周期研究的文献信息，进而利用本章5.2节所提出的算法来构建全寿命周期知识域的直接引文网络。在此基础，利用Pajek软件提取了全寿命周期知识域的关键主路径，最终发现包含了三条关键路径，通过对关键路径上文献的定性解读，可知全寿命周期知识域包含的三个知识主题，分别为全寿命周期评估、全寿命周期费用、物化能研究。各主题的文献可在附表H中查看。

（1）全寿命周期评估研究

全寿命周期评估是对整个建筑系统的物料和能量流进行量化和评估的过程。考虑到建筑物与自然环境之间相互作用的复杂性，全寿命周期评估代表了一种检查整个建筑物对环境影响的综合方法。图5.15展示了全寿命周期评估研究的知识路径文献。2003年学者Scheuer C详细评估了建筑的全寿命周期能耗，编制了包括建筑结构、封套、内部结构、饰面以及公用设施和卫生系统在内的安装材料和材料更换清单，计算机模拟了加热、冷却、通风和照明的用能消费。此后2009年学者Blengini GA发现生命终期建筑废弃材料的回收对生命周期总能耗及温室气体排放都有积极的影响，并在2010年的文章中对意大利的一座低能耗住宅从全阶段进行了详细的生命周期评估，至此全寿命周期评估得到进一步的完善和应用。2015年学者Atmaca A对两座住宅建筑展开了全寿命周期能源分析（LCEA）和二氧化碳排放分析（LCCO（2）A），而学者Pomponi F则在2016年提出应该对建筑环境中的隐含碳进行评估，在全寿命周期评估中应重视居住阶段和建筑使用寿命结束阶段的隐含碳评估。

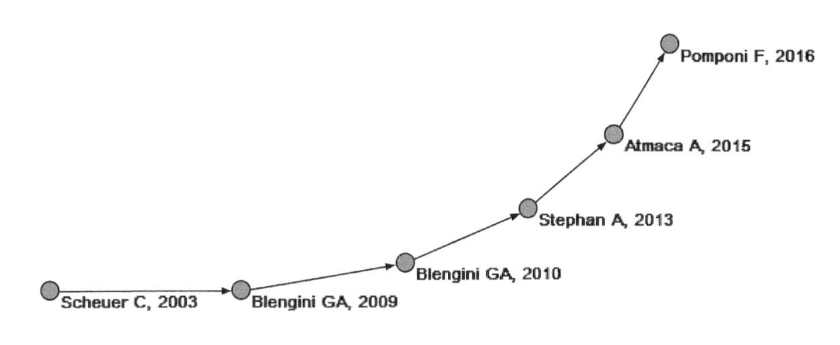

图5.15　全寿命周期评估知识路径图

（2）全寿命周期费用研究

在对全寿命周期知识域引文网络的主路径挖掘中，发现该领域的高被引文献中有一条链是从2009年开始形成的，如图5.16所示。经过对文献的阅读发现是针对建筑全寿命周期费用的研究，说明建筑节能全寿命周期的费用也是学者关注的重点。Li DHW于2009年在对办公楼半透明光伏发电的能源和成本进行分析的基础上，认为这种集成系统能减少能源的需求，降低经济成本。Marszal AJ在2011年通过对丹麦零能耗建筑的生命周期成本分析，指出为了构建具有成本效益的净零能耗建筑，应将能源使用量减少到最低。Hamdy M 2013年提出了一种符合EPBD-recast

2010成本最优和接近零能耗的建筑解决方案的多级优化方法。Mohamed A 2014年的研究表明，家用规模的生物质CHP并不是NZEB取代集中式电源的最佳解决方案，此后2015年通过对比小规模、多发电系统（热电联产（CHP）、联合冷却、加热和动力（CCHP））与传统的加热和冷却系统（H/C-EGSs）相结合的经济可行性，发现采用自由地面冷却的地源热泵具有全局最优成本。

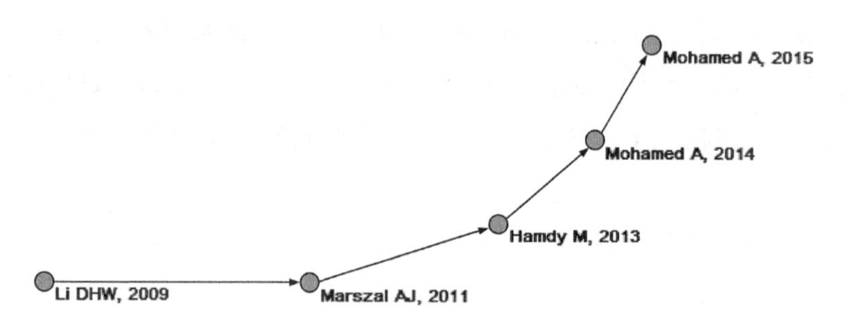

图5.16　全寿命周期费用知识路径图

（3）物化能研究

物化能源则是用于提取原材料、运输原材料和精炼原材料，然后用于制造和组装新产品、产品运输和建筑工地施工所用的能源。此外，用于建筑物改造和拆除的能源也包括在物化能中。该主题路径文献如图5.17所示。早期学者Cole RJ认为运行能耗是建筑全寿命周期总能耗的最大组成部分，他们常常通过提出各种不同的设计策略来研究运行能耗的降低，而对于建筑物在其他全寿命阶段的能耗计量却考虑较少。此后学者Scheuer C评估了建筑的全寿命周期能耗，编制了包括建筑结构、封套、内部结构、饰面以及公用设施和卫生系统在内的安装材料和材料更换清单，指出对建筑材料的选取能够进一步降低全寿命周期能耗。2008年学者Huberman N研究指出建筑的物化能耗约占整个生命周期能耗的60%，采用“替代”填墙材料可以显著降低能耗。2013年学者Dixit MK提出了一种用于分析建筑物化能系统边界

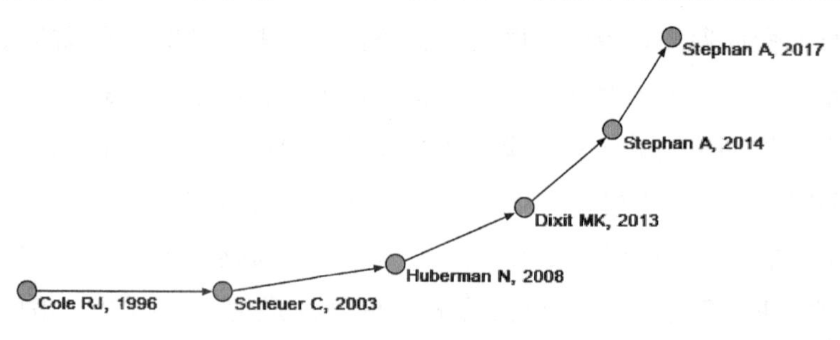

图5.17　物化能研究知识路径图

的概念模型，此后2014年学者Stephan A又指出生命周期能耗主要是由运输能源、运行能耗和物化能所决定，2017年该学者又利用自上而下的方法对建筑存量的物化能进行了计算，以减少对环境的影响。

5.4.4 建筑围护结构知识域研究主题识别

建筑围护结构将建筑的室内和室外环境分开，无论室外条件如何变化，围护结构都是决定和控制室内条件的关键因素，因此，围护结构的保温隔热性能关系到建筑的整体节能性能。在建筑节能领域的数据集中，提取有关建筑外围护结构研究的文献信息，进而利用本章5.2节所提出的算法来构建建筑围护结构知识域的直接引文网络。在此基础，利用Pajek软件提取了建筑围护结构知识域的关键主路径，最终发现该知识域主要包含了三条关键路径，通过对路径上文献的定性解读，可知外围护结构知识域的主题分别为墙体保温隔热厚度研究、电致变色窗户研究、双层立面系统研究。其中未包含屋顶，是由于屋顶的节能研究与城市热岛问题紧密相关，故而在5.4.5节给出了屋顶的知识路径。各主题的文献可在附表H中查看。

（1）墙体保温隔热厚度研究

保温隔热材料的使用是降低建筑冷却和加热用能最为有效的方式之一，因此，外墙绝缘材料的选取及最佳绝缘厚度的确定对建筑能耗的降低至关重要。图5.18展示了该主题的知识路径文献。1999年，土耳其学者Hasan提出一种基于生命周期成本来优化保温材料厚度的系统方法，此后该方法被大量应用于不同情境下的绝缘厚度研究，如不同城市、不同气候区条件下外墙最佳绝缘厚度研究，不同能源（煤、天然气、液化石油气、燃料油和电力等）和不同绝缘材料（发泡聚苯乙烯、岩棉等）下的外墙最佳绝缘厚度研究，不同年度加热和冷却负荷下的绝缘厚度研究。此后学者Daouas N使用傅里叶变换来估算墙体的冷却和加热传递负荷，学

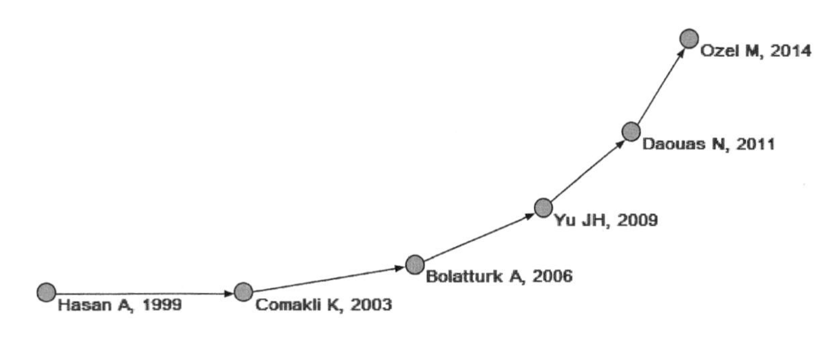

图5.18 墙体保温隔热厚度知识路径图

者Ozel M则采用隐式有限差分法来确定动态热条件下的年度冷却和加热传递负荷，可以看出该条路径从最开始的绝缘厚度优化系统方法的应用逐步过渡到更为具体地使用绝缘材料后墙体负荷传递问题的研究。

（2）电致变色窗户研究

在20世纪80年代已有学者关注电致变色材料在节能窗户中的应用。该主题知识路径文献如图5.19所示。1984年学者Lampert CM将电致变色材料应用于节能窗户中，指出使用电致变色薄膜，可以通过电子方式改变窗户的透射和反射特性。2002年Lee ES则探索了在商业建筑物中大面积使用电致变色窗户的技术性能和经济性能问题。除了电致变色窗户的性能以外，人们对其舒适性也提出了更高的要求，2007年Lee ES进行了DOE-2建筑能耗模拟来探索可以使电致变色窗户显著改善视觉舒适度，而又不损害能效优势的解决方案，而2012年Ochoa CE则致力于研究建筑低能耗与视觉舒适度之间的平衡标准问题。2016年，Mangkuto RA提出了一项简单的设计优化方法，来探索热带地区建筑物各种日光指标和照明能量需求的设计优化。

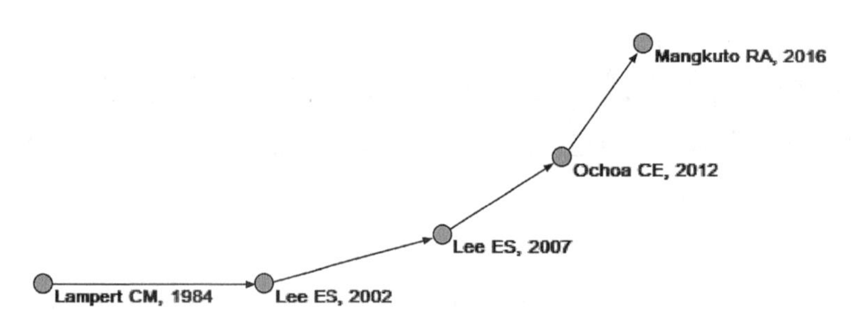

图5.19　电致变色窗户研究知识路径图

（3）双层立面系统研究

双层立面系统研究主题的知识路径文献如图5.20所示。2004年Gratia E对双层立面系统进行了初步探索，通过仿真模拟研究认为动态使用双层立面很重要，对双层立面系统的操作必须与气候条件以及外部和内部条件密切相关。2009年Chan ALS通过对中国香港双层玻璃幕墙的能量性能研究发现，通过先进的研究和设计，采用双层立面系统建造的建筑物比常规的单层立面系统具有更好的热性能，但是投资回收期可能更长。2011年Shameri MA回顾此前建筑物中使用双层外墙系统（DSFS）所做的研究，得出双层外墙在建筑开发中具有重大意义但造价比较高昂的结论。2014年de Gracia A提出了一个基于EcoEdicator的通风幕墙生命周期评估

（LCA）研究，该通风幕墙的气室中带有PCM，并指出该系统的环境回收期为30年，如果在结构中使用钢木，则减少到6年。2016年Ghaffarianhoseini A 对双层外观系统的当前设计和技术方面进行了全面分析，并讨论了双侧外观对能源效率和热性能的影响。

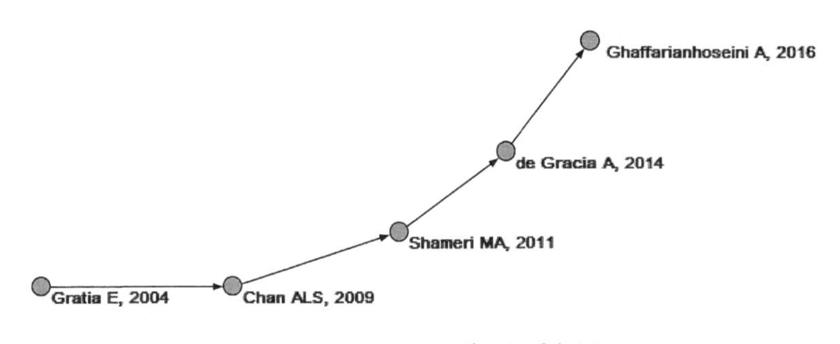

图5.20　双层立面系统知识路径图

5.4.5 城市热岛知识域研究主题识别

热岛现象和气候变化使得城市温度持续增加，而高的环境温度又加剧了冷却用能并且造成了建筑使用者舒适条件的恶化。夏季热岛主要是由于缺乏植被和城市地表的高太阳辐射吸收率。为此，学术界和工业界提出了重要的缓解技术，该种技术旨在增加城市反照率和使用植被—绿色屋顶来减缓相对较高的热岛问题。在建筑节能领域的数据集中，提取有关城市热岛研究的文献信息，进而利用本章5.2节所提出的算法来构建城市热岛知识域的直接引文网络。在此基础，利用Pajek软件提取了城市热岛知识域的关键主路径，最终发现该知识域主要包含了两条关键路径，通过对路径上文献的定性解读，可知该知识域的主题分别为制冷材料研究和绿色屋顶研究。这两个主题知识路径如图5.21所示，路径上的文献节点的具体信息可在附表H中查看。

城市热岛加剧了建筑用能的增加，早在1995年学者Rosenfeld AH就提出可以利用城市遮阴树和浅色建筑外表的方案来抵消或逆转热岛效应，学者Bretz S则建议将城市屋顶替换为太阳能高反射材料，而学者Akbari H指出城市温度升高0.5～3.0℃，用于冷却建筑物的电力需求就要增长5%～10%，若在城市道路和屋顶选择高反照材料和种植树木，便可使建筑空调能耗降低20%。沿着这些学者的解决思路，城市热岛问题的知识发展可划分为两条分支路径：一条探索高反射制冷材料的发展；一条探索绿色屋顶对节能的改善。

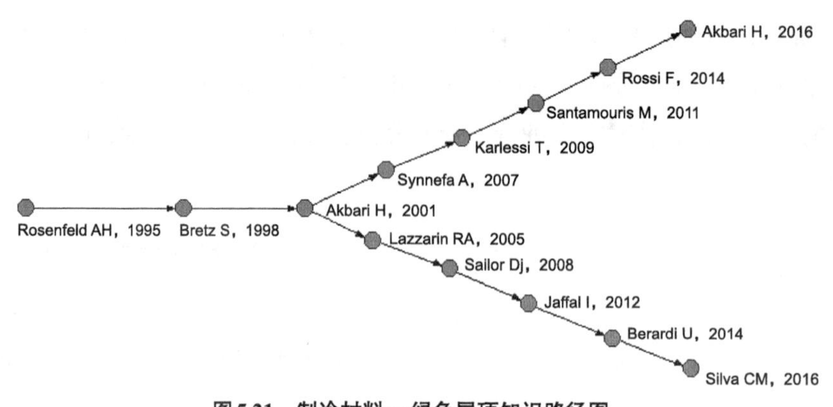

图5.21　制冷材料—绿色屋顶知识路径图

（1）高反射制冷材料的研究

对于高反射（或冷色）材料的研究，科研机构已开发出多种冷色涂料，如Kapodistrian大学开发了10种原型冷色涂料可减少建筑用能，Athens大学开发的热致变色涂层被证明比冷色涂料具有更好的节能效果。学者Santamouris M认为高反射材料的发展经历了四个阶段，即高反射和发光的浅色材料、冷色材料、相变材料和动态冷却材料。除去材料的开发，学者Rossi F建立光能行为分析模型，发现反光材料角反射率同样对建筑冷却具有重要影响，此后Akbari H于2016年对各种高反射材料、冷屋顶等技术的发展进行了详细总结。

（2）绿色屋顶的研究

绿色屋顶亦是应对城市热岛的有效方式，Lazzarin RA在建筑模拟软件（TRNSYS）中开发了计算带有绿色屋顶的建筑物的热能性能预测数值模型。Sailor DJ则开发了一种基于物理的植被屋顶能量平衡模型，并将其整合到EnergyPlus建筑能源模拟计划中。这两种模型的开发为绿色屋顶节能效果的模拟与计量带来了很大的便利，以此为基础Jaffal I对法国传统屋顶和绿色屋顶进行了模拟对比分析，认为绿色屋顶在夏季和冬季都对建筑有良好的热效益。Berardi U通过调查进一步证明绿色屋顶具有无可否认的环境效益及经济可行性。Silva CM则在实际案例中量化了绿色屋顶的节能效果，并将实验的结果进一步用于校准EnergyPlus中的建筑能量模拟。

5.5 小结

在一个小的领域追踪知识的发展路径并非难事，然而当领域变得非常大时，就需要应用计算机算法去解决。直接引用关系是体现知识流动和传承的最直观方式，也是加菲尔德建立文献索引数据库的根本逻辑。然而与共被引网络相比，直接引文网络却一直发展缓慢，直到近10年才逐步回归学者的视野。这主要归功于当下主路径分析方法的应用，该方法是目前科学计量学研究中新兴的重要工具，通过计算直接引文网络的链路权重来确定科学领域的主要发展轨迹。因此主路径分析是建立在直接引文网络的基础上，而当下的研究却鲜少提及直接引文网络的构建，学者Henrique BM在2018年发表的文章中也提到这个问题，认为将底层网络的构建留给了读者的创造力。面对这一难题，本书提出了构建直接引文网络的方法，包括具体的算法和实施的详细步骤。

直接引文网络的研究对象是从WOS数据库中所获取的文章，在构建引文网络时，首先需要对文献数据进行标准化处理。标准化处理包括了提取文献数据中的article类型文章、利用Histcite软件查漏补缺关键文章、对引文格式进行消歧等，进而利用CRExplorer软件将数据导出和处理为标准化的表格形式。该表格主要包括四列，其中ID列为每篇文章的编号，P-DOI列为每篇文章的DOI号，C-DOI列为每篇文章参考文献的DOI号，CR列为参考文献。据此本书提出构建直接引用矩阵的算法，基本逻辑为若第i篇文章中的某篇参考文献的DOI与第j篇文章的DOI完全一致，则说明第i篇文章引用了第j篇文章，进而在引用矩阵的第j行i列赋值1，无引用关系的项赋值0，最终可形成一个具有邻接关系的0-1矩阵。本文分别利用Matlab和Python语言编制相应算法，最终运行后所得到的直接引用矩阵完全一致。将直接引用矩阵导入Pajek软件即可得到本书所需的直接引文网络。通过对网络的分析，可知文献[164]、[165]、[175]是建筑节能领域被引最高的article类型文献，文献[204]、[205]、[206]是处于网络核心位置，联系整个引文网络的关键性文章。

在建立了建筑节能领域的直接引文网络后，即可展开领域的主路径分析。首先利用Pajek软件将网络转换为最大单向子网，进而利用软件内设的SPC算法提取全领域的主路径，可知建筑节能全领域的知识发展轨迹包含了6条分支路径，分别为全寿命周期研究、相变材料研究、墙体保温隔热材料厚度研究、居住者行为研究、建筑能耗预测研究、建筑节能优化研究。此外，在5.4节对建筑节能领域各知识域文献的关键路径进行了提取，形成了知识域之下更具体的知识主题，通过文献分析可知建筑能效知识域包括了居住者行为主题、建筑能耗预测、建筑节能优化主题；相变材料知识域包括了相变材料热性能主题、墙体相变材料主题、混凝土相变材料主题；全寿命周期知识域包括了全寿命周期评估主题、全寿命周期费用主题和物化能主题；建筑围护结构知识域包括了墙体保温厚度主题、电致变色窗户主题和双层立面系统主题；城市热岛知识域包括了高反射制冷材料主题和绿色屋顶主题。通过对路径上文献的分析，可以发现均为各年被引较高的文章，而这些文章又具有单向的引用关系，因此就构成了一条知识传播的途径。然而因为引用目的的不同，知识传播又表现为不同的形式，主要包括纵向知识的不断改进创新和横向知识在不同情景下的不断应用。图5.22展示了通过主路径方法所挖掘的建筑节能领域各知识域的知识主题。

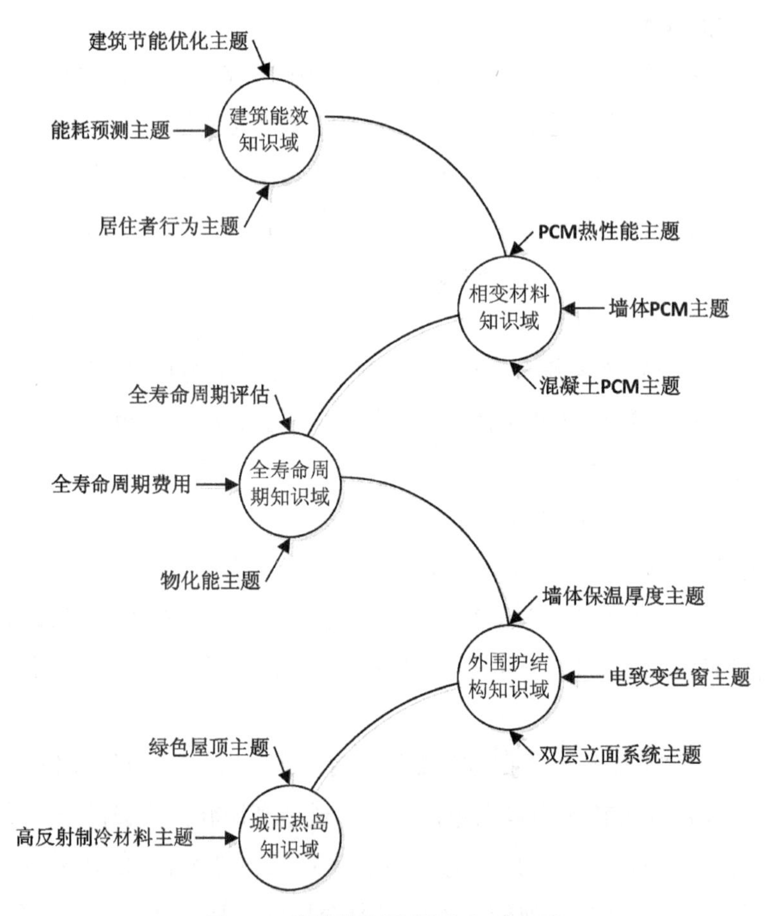

图5.22 建筑节能领域各知识域主题

6

建筑节能领域知识发展趋势的预测

建筑节能领域未来的发展趋势是领域内每个学者关注的焦点，而建筑节能领域的跨学科属性及知识特性，又造成了科学计量学中常用的趋势分析方法在该领域应用中存在不适用的情况。因此，本章节提出了建筑节能领域的知识趋势预测模型。从最细粒度的知识点关键词的角度探索了建筑节能领域的热点关键词和新兴关键词，并通过建筑节能领域各知识域下的知识主题关键词集的提取，利用神经网络方法预测了领域未来的知识发展趋势。

6.1 建筑节能领域趋势预测模型的设计

6.1.1 知识趋势理论研究

随着建筑节能领域文献的剧增，如何科学准确地探测该领域的知识发展趋势，是6.1节探索和研究的关键。知识发展趋势也可以理解为对领域知识发展的未来展望，是知识管理及图书情报领域探讨的一个重要主题。科学研究正在经历快速的发展阶段，各个领域的研究成果也是层出不穷，领域的发展不断经历着革新—改善—陈旧—新革新的上扬式循环，因此领域的知识体系也在不断发展，而未来领域知识是经历继续上升式发展，还是逐渐衰落，还是新兴领域快速提升，这都是知识趋势研究所关注的问题。领域知识的变化通常可以通过文献所特有的属性表现出来，例如主题词与引文。引文分析最早由文献计量学家普赖斯所提出，他发现科学家总是喜欢引用最新发表的文献，因此，他认为某个领域的知识发展趋势是由学者所积极引用的文献展现的。该思想提出以来，学者在其基础形成了引文分析的方法体系，主要包括共被引分析方法、文献耦合方法和直接引用方法。在本书的第4、

5章，已对共被引方法和直接引文分析方法做了详细研究。文献耦合方法是由学者Kessler M在1963年提出的，他在对《Physical Review》刊出的论文进行引文分析时发现，越是学科、领域接近的论文，它们参考文献中的相同文献的数量就越多，据此提出文献耦合方法。

针对文章主题词展开研究是目前知识前沿及知识趋势研究的主流。关键词作为文章内容的表征，具有直接获取和无需分词的特点。常见的基于关键词的主题分析包括了词频分析法、共词分析法和突发词检测分析法。其中词频分析是以揭示和表达文章核心内容的关键词或主题词为对象，通过分析在某一研究领域中出现的频次的高低来确定领域研究的热点和未来发展趋势。突发词检测是由学者Kleinberg J在2002年提出的算法，通过寻找文献数据中词频密度的突然改变，来探究短时间内引起关注度改变的主题变化情况。随着时间的推移，突变主题有可能变成研究热点，也有可能削弱为普通主题甚至消失。共词分析则是由学者Callon在1983年提出，通过统计关键词两两共同出现的频次来反映主题结构。因为其凝练和集中了文章的核心内容。因此，如果文章包含相同的关键词，则可以认为两篇文章具有相似的研究主题概念、理论或方法。此外，关键词越相似，距离越近。

表6.1总结了目前科学知识趋势探测研究中常用的方法，给出了每种方法的理论基础、应用场景及方法的局限性，并且给出了引文分析与主题词分析的相互对比。由表可以看出，虽然引文分析可以进行知识发展趋势的分析，但由于存在引文发表的时滞性，使得该方法主要用于进行学科领域知识结构的划分及知识发展路径

科学知识趋势探测的主要方法 **表6.1**

	名称	理论基础	方法应用	局限	对比
引文分析法	共被引分析	两篇文章共同被后来的一篇或多篇文章所引用，则这两篇文章之间存在共被引关系	共被引网络以文献之间的相似度为聚类划分标准，主要用于研究领域知识结构的划分	存在文献的时滞性问题，一篇文献经发表到引用经历周期较长，难以反映前沿趋势	不管是哪种引文分析方法，都无法自动对筛选出的论文进行主题描述，需在进一步通过论文标题或关键词来总结和判断研究主题，且引文的时滞性问题无法逾越
	文献耦合分析	两篇文章共同引用了同一篇参考文献，则这两篇文章之间存在耦合关系	可通过聚类划分知识结构，并可通过时间线展示新兴研究	因为文章引用位置的不同可能并非同一主题，且不能展开演化分析	
	直接引用分析	一篇文章存在于另一篇文章的参考文献中，通过相互引用反映引用与被引用关系，则为文献之间的直接引用	直接引文网络为有向网络，可通过判断链路权值来挖掘领域发展的知识路径，包括主领域路径及分支子领域路径	可通过论文的引用链条追溯到最近几年的文献，但链条的单一性使得追踪的最新趋势缺乏统一意义的检验	

续表

	名称	理论基础	方法应用	局限	对比
关键词分析法	词频分析	词频的年度波动规律所代表的社会现象的含义	利用各种统计分析方法分析词频所具有的统计学规律	简单统计和粗略分析，语义薄弱	一组相互关联的词汇所形成的词汇簇能够更加清晰地说明研究主题
	共词分析	统计同一篇文献中，两两关键词共同出现的次数	可通过聚类反映词语之间的亲疏关系，形成研究主题	可展示网络中的主题结构及主题演化，知识趋势缺乏研究	
	突发词检测	一段时间内突然快速增长或快速减退的词语	能够揭示领域中一些新兴的研究词语	单个词语所反映的主题意义较为薄弱	

的探索，而在判断知识发展趋势、知识热点研究中并非作为主流方法。与此相对应，主题词由于其获取的即时性，在研究领域知识发展趋势、领域知识热点分析、领域知识前沿分析中广泛使用。主题词分析中，词频分析与突发词检测都是针对单个关键词随时间变化的规律而展开分析。而在当下的领域发展中，针对主题的描述通常不是一个或几个分散的关键词可以说清楚的，往往需要使用一组相互关联的词汇来描述才能更加清晰地展示不同主题的含义。共词分析在这种前提下，成了进行知识趋势分析的最好方法，其可根据不同词汇之间的共现次数进行聚类，生成一系列的词汇簇。根据这些词汇簇在论文发表中的不同时期来揭示主题发展趋势的变化。因此，本章节建筑节能领域知识趋势研究采用共词分析为方法基础。

6.1.2 共词网络分析理论

共词网络（co-word network）分析结合了文献计量学和文本挖掘技术，是一种内容分析方法，可以挖掘术语之间的深层语义关系。作为使用语料库中单词和短语共现模式的技术，它可以建立主体领域内理念和概念之间的关系，并在语料库呈现。具有关键词或短语的许多共现的可用性指示中心点，其与语料库中可能类似于研究主题的其他词有许多联系。它识别术语的共现强度，并创建一组词汇图，有效地说明了各个术语之间最强的关联。在当下的信息化时代，共词分析变得更容易从文本中提取知识，包括研究论文、会议论文、报纸文章和书籍章节，并通过文本中特定关键词之间的出现频率来揭示相互之间语义上的紧密程度。

共词分析是一种内容分析方法，同一篇论文中共同出现的两个关键词表明了他们所涉及的主题之间的联系。共词关系的具体原理如图6.1所示，在提取文章的关键词之后，可知每篇文章都拥有哪些关键词，如图6.1中左图的双模网络图所示。

例如文章1拥有A和C两个关键词，文章2拥有B、C和F三个关键词，进一步可以说明关键词A和C 拥有共现关系，关键词B和C，B和F、C和F拥有共现关系。因此，依此类推，可知这5篇文章中的关键词可形成如图6.1右图所示的共现关系。共词网络是由科学论文中关键词的共现关系所形成，其中共词网络中的节点代表关键词，节点之间的连线代表两个关键词共同出现。如果两个关键词共同出现在多篇论文中，则这两个关键词节点之间边的权重值会更高。

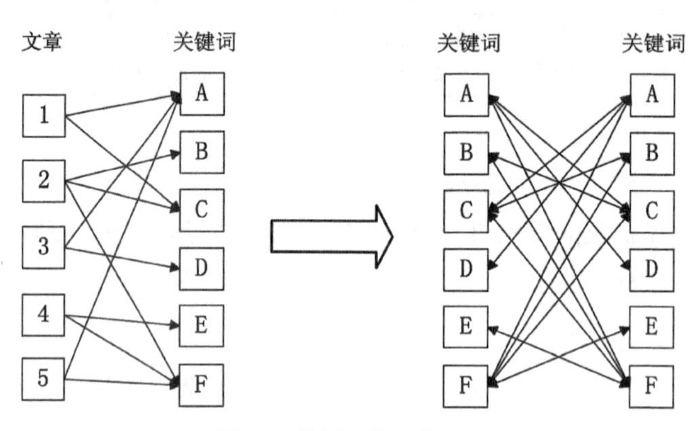

图6.1　关键词共现关系图

共词分析经历了两个阶段的发展：第一个阶段是基于频率的分析方法，主要是通过统计关键术语在数据集中的出现频次及关键术语历年出现频次所表现的统计规律来识别领域热门话题、突发话题及新兴话题。如学者Wei JY基于关键词的共词分析探索了经济学五大期刊的热门主题，包括价格、博弈、消费、收入、国际贸易、就业、货币政策、福利效应和发展中国家；学者Olmeda-Gomez C探讨了西班牙图书与情报信息领域的发展，利用突发检测方法发现内容分析、知识组织和社交媒体是未来潜在的研究热点。此外，学者Song JB基于共词分析指出PPP研究的新兴趋势已从特许权定价、PPP立法、采购管理、PPP项目治理转向风险分配、绩效评估、特许合同重新谈判、实物期权评估和合同管理。

第一阶段的研究并未考虑网络结构。在第二个阶段，共词分析更强调于术语共现和由此产生的网络结构。将网络分析应用于共词网络，能够衡量网络属性的不同指标，包括网络的整体性属性（如网络密度、直径和平均度）以及描述网络各个节点重要性的局部指标（如度中心性、中介中心性）。这些指标可以用来识别共词网络中的重要主题。如学者Oh KY探索了地理空间信息领域的共词网络属性，指出LANDSAT、KOMPSAT和MODIS在度、亲密中心性和中介中心性方面显示出高分指数。而学者Zhang QR则发现中国城市化领域共词网络具有小世界特征和无标度效应，并且关键词的中介中心性和特征向量中心性于节点的度正相关。

共词分析现已被不同领域的学者利用来探索所在学科的知识网络，包括上述的术语词频统计和网络分析，针对领域发展的研究主要集中在热点主题探测、新兴主题探测以及从网络结构出发所展开的领域阶段性的演化分析，从而通过演化过程识别领域发展前沿。然而，对于领域主题知识发展趋势的预测，却鲜少有学者研究。因此，在6.1.3节系统地论述了当下知识发展趋势预测的研究现状，并提出本书新的预测模型。

6.1.3 趋势预测模型的流程设计

随着越来越多的科学文献数据集可以开放获取，学者对于了解领域发展前沿及领域知识发展趋势的渴望也越来越强烈。正如6.1.1节所述，有关领域发展趋势的判断有引文分析及关键词分析两种方法，但目前基于关键词的趋势分析是研究的主流，包括了共词分析、词频分析及突发词检测三种方法。对于共词分析来说，关注的重点在于关键词之间的共现关系所构建的术语网络，分析网络的结构及网络的聚类特征，在6.1.2节已进行详细介绍，对于趋势的判断主要是依据不同时间年份网络的演化来探究领域的整体发展趋势；其次是词频统计及突发词检测，都是基于对文献中关键词术语出现的频率统计，不同之处在于词频分析是依据不同年份关键词的频率分布来判断关键词的未来走势，而突发词检测则是根据关键词过去的年度频次分布，依据一定的算法来发现那些频率陡然暴增的需重点关注的关键词。这两种方法在领域趋势判断中比较常用，主要也是由于关键词具有既能反映文章的内容主旨，又易于统计，计算高效且复杂度低的特点。此外，关键词术语的客观准确性，能够在一定程度上摆脱定性方法中的个人主观性，因此更加具有可信度。

基于关键词术语频次的趋势分析方法已被广泛应用于各学科领域的知识探测。例如Kim SK获取韩国医学领域的关键词年度频率矩阵，通过比较关键词列表的时间变化来分析关键词的未来趋势；Romero L通过Sigma-1受体研究的高频关键词分析，得出神经影像学、可卡因成瘾或精神疾病等领域的研究工作随着时间推移逐渐减少，而神经退行性疾病或疼痛等领域的Sigma-1研究是未来趋势；此外Li WJ则通过突发词检测分析指出氧气分离和水处理是陶瓷膜研究的未来热点趋势。而学者王若佳则利用关键词的时序特征，分别采用多元线性回归、支持向量机和神经网络模型有效地对流感疫情进行了预测，发表在2018年的《情报学报》中。由以上综述可见，关键词是文献研究中常用的进行领域知识发展趋势分析及预测的对象。

关键词作为文献的基本结构单元，是学术论文的重要组成部分，虽数量不多，但却是能反映文章主旨精髓的重要知识点。然而，基于关键词的词频分析在用于建筑节能领域的研究时，就出现了问题。例如在相变材料的热性能主题中，相应的主题关键词术语为thermal properties，但是thermal conductivity、thermal transfer等关键词术语也能反映热性能主题的发展；在居住者行为主题中，除过常用的主题关键词occupant behavior，关键词术语human behavior、adaptive behavior、behavior model也都是能反映居住者行为的关键词术语；同样在绿色屋顶研究中，也包括了green roof、cool roof、vegetation roof等均能反映绿色屋顶主题研究的词汇。这就说明了在建筑节能领域中，若只是对表征主题语义的单个关键词术语进行统计和词频分析，则并不能反映一个知识主题的完整语义。因此需要探寻一组尽可能完整包含主题含义的关键词集合，以此来反映和统计主题的词频时序分布。

由于建筑节能领域的单个关键词不能展示主题的完整语义，科学计量学中常用的关键词词频分析方法并不适用于建筑节能领域。此时来考虑另一种趋势预测方法——共词网络分析方法，该方法基于关键词之间的共现关系构建网络，若两个关键词共同出现的次数越多，则这两个关键词的语义相关性也就越强，所反映的主题含义也就越接近。依据这一原理，可以发现共词网络能够反映某一主题的完整语义信息，能够解决词频分析单一关键词反映主题信息不充分的问题，因此可尝试用共词网络分析来进行建筑节能领域主题的趋势预测。在这一过程，又发现基于共词网络的趋势分析研究大多是通过共词网络的分阶段演化来定性判断未来的发展趋势，而这又不符合本书定量化知识体系构建的初衷。此种情形下，笔者发现单个的词频分析和共词网络对于建筑节能领域知识主题趋势的分析都不适用，而两者又都有其优势和缺点存在，因此本书尝试将两种方法结合起来，通过共词网络分析来提取能够反映主题语义信息的关键词集，进而通过对关键词集中关键词的统计来分析预测主题的发展趋势（图6.2）。

学者刘自强指出，在某些领域利用单一或成对关键词反映研究主题是不充分的，研究主题下应该存在若干具有紧密联系的关键词集，词集中的关键词可以比较充分地反映某一研究主题。学者Zhao WY在2018年发表的文章中也指出，基于频率的关键词分析和基于网络的共词分析可以很好地相互补充，在未来的研究中将两者结合会有更多新的知识发现，这两篇文章为本节的研究提供了新的方向。因此在这两篇文章基本思想的指导下，本书试图建立适用于建筑节能领域知识主题趋势

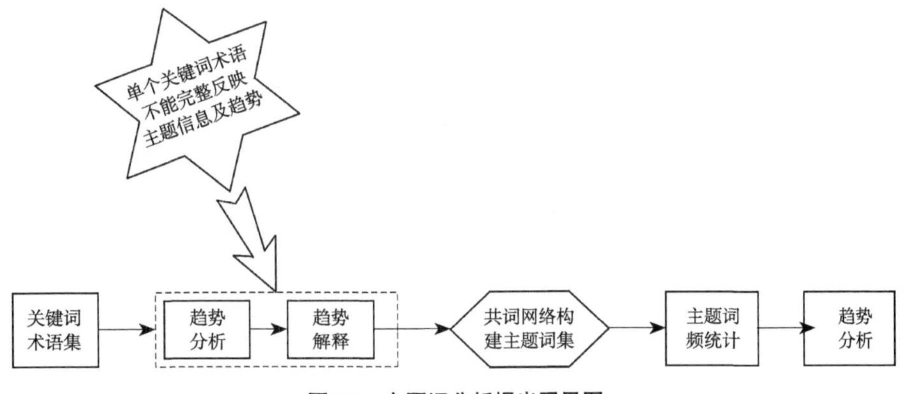

图6.2　主题词分析提出因果图

分析的模型。此外在科学计量领域，简单的时间序列趋势分析已不能满足学者对于领域未来发展的探索，基于机器学习算法的趋势预测成为当下的热门研究，学者Mistele T利用神经网络算法预测了研究人员未来的引用计数和*H*指数；学者Wang MY通过机器学习算法来识别两种计量指标在预测文章未来成功方面的有效性；学者Wang FH尝试使用神经网络来预测ESI高频被引文章；Jang W则利用随机模型预测了学术领域的跨学科程度，而在建筑节能领域知识主题的发展趋势分析中，目前还少有学者利用机器学习算法展开知识发展预测。

利用关键词词频分析和共词网络分析的基本原理，结合两种方法的优势，本文提出了适用于建筑节能领域知识趋势预测的模型。具体的模型设计流程框架如图6.3所示。首先，进行了关键词数据的处理，包括在建筑节能领域的文献题录数据中分离出关键词集，进而对关键词数据集进行清洗得到用于下一步分析的标准关键词集；其次，构建共词网络，分析建筑节能领域的高频关键词和新兴关键词，并且在共词网络的基础上提取建筑节能领域各知识主题的主题关键词集；再次，统计建筑节能领域各知识主题词集中关键词在历年出现的频次，建立年度时间序列数据，进而确定神经网络的拓扑结构，并对网络进行训练以使误差小于某个设定值；最后，在数据训练及指标合格的基础上预测建筑节能领域各主题簇未来发展的趋势。其中，知识主题词集的提取方法是本模型所要解决的关键问题。

6.2 建筑节能领域知识主题词集的提取

6.2.1 建筑节能领域原始关键词清洗

关键词是学术论文的重要组成部分，能够揭示一篇文章的核心内容。在下载的

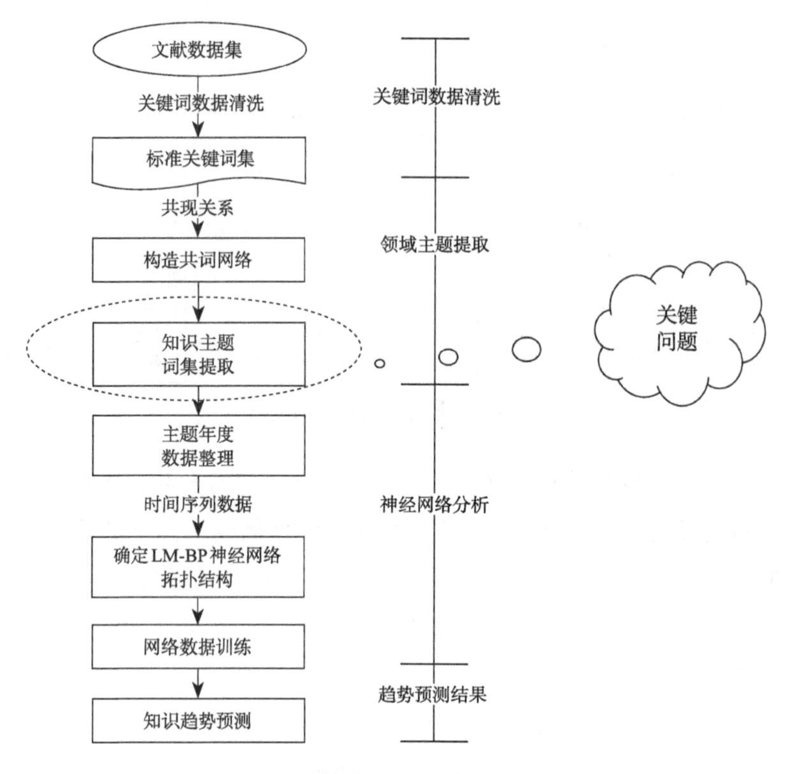

图6.3 趋势预测模型实现过程流程框架

建筑节能领域的文献题录数据文本中，有两列有关关键词的信息，一个是DE为作者关键词，一个是ID为Web of Science根据文章所提取的关键词。在此，本书共词网络的构建以作者关键词为主，在没有作者关键词的文章中，以Web of Science所生成的关键词作为作者关键词的替代。在进行了这第一步的整理后，可统计得知建筑节能领域的关键词共有40093个。然而，在进一步的观察后，发现这些原始关键词存在一系列的问题，并不能直接用于共词分析，例如因为语言环境的不同，各国学者对同一含义的术语可能使用不同的表达方式，各种关键词的变体、关键词的不同缩写等。如果以原始的关键词列表用于术语统计，可能并不能按照语义真实反映领域中术语概念的重要程度。因此，在本节首先要进行初始关键词数据文本的清洗，具体过程如图6.4所示。

图6.4给出了建筑节能领域关键词清洗的流程。首先从原始文献文本数据集中分离出关键词集，然后将关键词集导入Vosviewer软件中，利用软件的关键词频次统计及排序功能，观察初始关键词集中关键词汇总所存在的问题，由此发现建筑节能领域关键词需采用以下标准清洗：

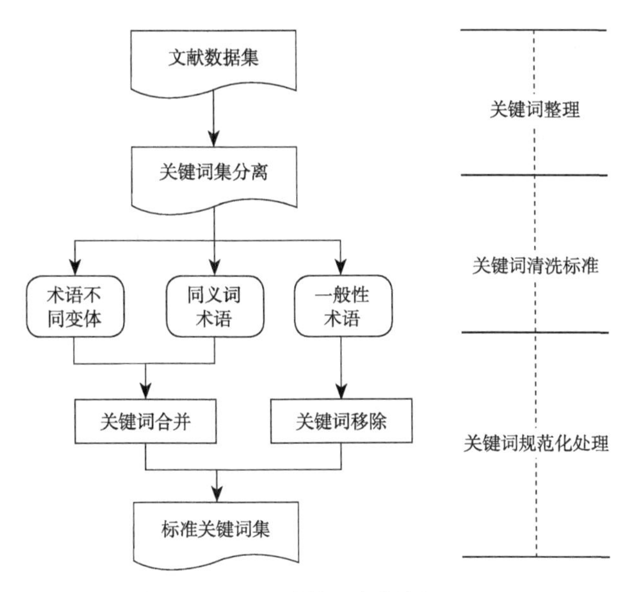

图6.4　关键词清洗流程

（1）关键词术语存在不同变体

这里面存在多种情况：一是单复数的变体，如artificial neural network和artificial neural networks，smart city和smart cities；二是由于不同学者语言习惯的问题所衍生出的派生术语变体，如occupant behavior和occupant behavior，optimisation和optimization；三是关键词组的缩写变体，如phase change material和PCM，life cycle assessment和LCA，building integrated photovoltaic和DIPV；四是书写格式不同所造成的变体，如air-condition和air condition，decision-making和decision make；五是动词与名词的变体，如energy retrofit与energy retrofitting，daylight与daylighting。

（2）关键词中的同义词术语

这里有两种情况：一是多词与单词语义相同，如adaptive thermal comfort与adaptive comfort相同，building energy management与energy management，carbon dioxide emission、CO_2 emission和carbon emission；二是不同词代表相同的语义，如passivhaus与passive house，energy retrofit、energy renovation和energy refurbishment，cost-benefit和cost-effectiveness，energyplus和energy plus。

（3）关键词中的一般性术语

这里也存在两种情况：一是指代建筑节能的无意义关键词，因为本书研究本身就是建筑节能，所以关键词中所有代表建筑节能的关键词在分析中都不能带来实际意义，主要包括building、energy efficiency、energy、energy saving、energy conservation、building energy、energy performance、building efficiency、energy consumption等；二是不提供与研究相关的足够信息的术语，如model、modelling、information、system、experiment。

针对第一种和第二种情况展开关键词的合并，将不同格式变体合并为同一种形式，将同义词合并为统一的一种关键词形式。针对第三种情况，删除关键词数据中的一般性关键词，去除这些词对所建立的共词网络的影响。在经历上述的规范化处理后，可以获得用于共词分析的标准化关键词集。

6.2.2 建筑节能全领域共词网络分析

Vosviewer是常用的进行共词网络分析的软件，由莱顿大学科学技术研究中心的Nees Jan van Eck和Ludo Waltman所研发。打开软件后，点击Create按钮，选择Create a map based on bibliographic data，再继续选择Read data from bibliographic database files，然后就可以导入6.2.1节所整理的web of science数据库的标准关键词集。导入后选择Co-occurrence分析，分析单元选择Author keywords，即可进入关键词统计阶段，此处选择共现频次在20次以上的关键词，主要原因是低频次关键词在分析中意义不明显且影响共现网络结构的清晰度，故而最终有450个节点被选择，形成了如图6.5所示的建筑节能领域的共词网络图。

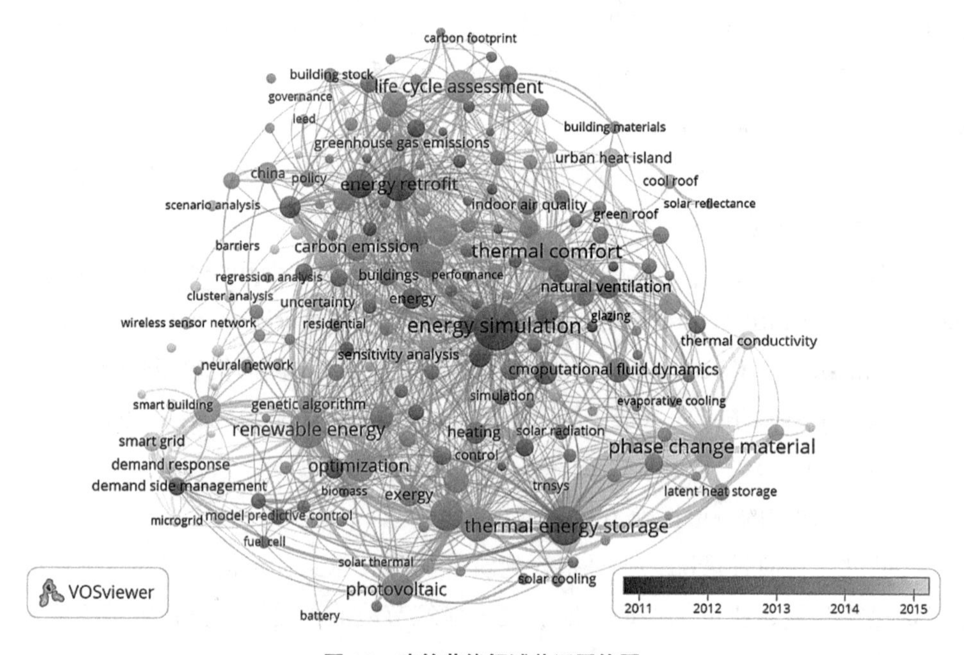

图6.5　建筑节能领域共词网络图

一个学科领域发展时域内大量学术研究成果的关键词集合，可以揭示学科研究的内容特征，因此统计关键词在某一学科出现的频次，则可在一定程度上了解领域的研究重点。图6.5中节点的大小代表了建筑节能领域关键词的出现频次。节点之间连线的粗细代表了两两关键词之间共同出现的频次，此外节点的颜色则代表了关键词的平均出现年份。表6.2给出了共词网络中关键词出现频次在200次以上的前40个节点，可以看出energy simulation的频次最高为1150次，说明能耗模拟是探究建筑能耗变化必不可缺的工具。其次为phase change material，表明相变材料的使用对于建筑能耗的节约意义深远，是该领域的研究热点。Thermal comfort位居第三，表明在建筑实施节能的同时，热舒适度也是必须考虑的一个条件，不能因节能而降低人居舒适性。可再生能源在建筑节能领域出现了925次，说明主动式节能措

关键词频次汇总表 **表6.2**

序号	关键词	频次	平均年份	序号	关键词	频次	平均年份
1	energy simulation	1150	2009.20	21	occupant behavior	286	2014.59
2	phase change material	948	2014.48	22	building envelope	280	2013.24
3	thermal comfort	940	2013.78	23	energyplus	275	2006.16
4	renewable energy	925	2013.59	24	china	271	2013.25
5	thermal energy storage	761	2011.10	25	building integrated photovoltaic	270	2013.54
6	energy retrofit	734	2010.96	26	air conditioning	265	2011.55
7	heat pump	670	2013.23	27	daylighting	265	2011.61
8	optimization	623	2013.74	28	design	261	2013.72
9	residential building	618	2012.48	29	heating	259	2011.80
10	solar energy	572	2013.15	30	office building	258	2012.62
11	life cycle assessment	557	2014.01	31	demand response	247	2015.91
12	photovoltaic	513	2012.97	32	energy model	246	2014.51
13	sustainability	507	2008.43	33	green building	244	2013.73
14	energy performance	502	2013.76	34	cmoputational fluid dynamics	241	2012.67
15	climate change	424	2013.15	35	smart grid	236	2015.45
16	energy management	391	2014.09	36	exergy	234	2012.90
17	carbon emission	332	2013.62	37	indoor air quality	218	2012.56
18	hvac	308	2012.79	38	sensitivity analysis	210	2014.84
19	natural ventilation	304	2012.72	39	energy demand	208	2014.60
20	thermal performance	290	2014.23	40	district heating	204	2014.64

施如太阳能、光伏、地缘热能的使用也是当下建筑节能研究的重点。该领域出现频次排名前40个关键词的平均出现年份为2009—2015年间，也间接说明了建筑节能领域是近些年学术界关注的一个热点。

关键词出现的平均年份可以反映关键词术语在不同时间段的受关注程度。若关键词出现的平均年份较早，则说明该关键词属于早期的热点研究对象，且随着时间的推移关注度在逐年降低；若关键词的出现年份靠近当下，则说明该关键词属于该领域当下新兴的研究对象，应得到学者的重点关注，故而平均年份是判断关键词是否属于领域研究前沿的关键。在此，本书给出平均年份的计算原理如下：

如图6.6所示，*sY*代表某一关键词出现的初始年份，*tY*代表关键词出现的终止年份，*s*为初始年（*sY*）关键词的出现频次，*t*为终止年（*tY*）关键词的出现频次，则关键词的平均出现频次为（*t*−*s*）/2，若设平均出现年份为*x*。

则满足：$\frac{x-sY}{tY-sY}=\frac{\frac{(t-s)}{2}-s}{t-s}$

则：$x=\frac{t-3s}{2(t-s)}(tY-sY)+sY$

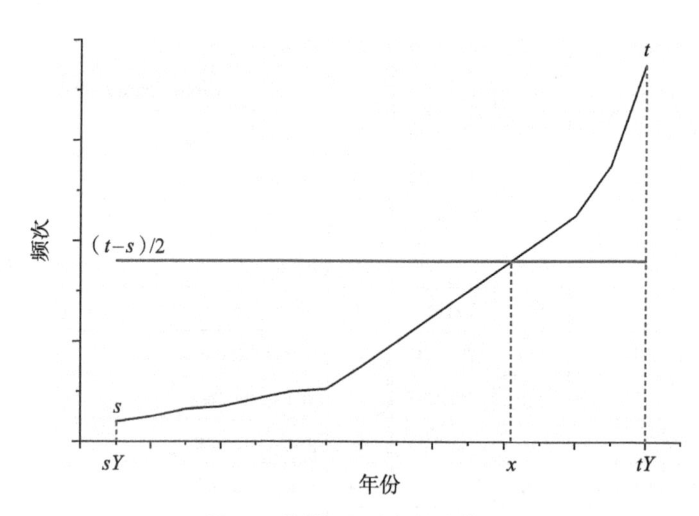

图6.6　关键词平均年份计算图

依据上述计算原理，使用Vosviewer软件计算可得各关键词的平均出现年份。表6.3给出了平均出现频次在2015年以后的前20个关键词。这些关键词反映了建筑节能领域的新兴或前沿研究。关键词demand response总频次为247，平均年份为2016.68，反映了在建筑节能中，电力需求响应这种新的模式在近几年得到高度关注，是该领域的研究前沿。关键词smart grid总频次为236次，平均年份为2016.10，反映了智能电网也是当下关注的热点。从整体来看，表6.3中关键词demand response、smart grid、microgrid、machine learning、building information model、smart building、internet of things、smart meter、data mining、smart home、smart city都与现代计算机信息技术紧密相连，说明未来建筑节能的前沿在于智能化信息技术在建筑节能中的应用。此外，在材料方面石墨烯（graphene）、有机太阳能电池在近几年得到特别关注；多目标优化方法（multi-objective optimization）是近几年进行能耗模拟的热门研究方法；社会住房（social housing）、历史建筑（historic building）的建筑节能问题得到广泛关注；建筑设计阶段的节能目标与实际建成后建筑运营阶段的实际用能之间所存在的能耗绩效差距（performance gap）也是近两年及未来学者研究的重点。

新兴关键词汇总表 **表6.3**

序号	关键词	频次	平均年份	序号	关键词	频次	平均年份
1	demand response	247	2016.68	11	data mining	82	2016.17
2	smart grid	236	2016.10	12	polymer solar cell	81	2016.09
3	multi-objective optimization	180	2015.40	13	social housing	69	2016.87
4	microgrid	144	2016.38	14	smart home	68	2016.68
5	machine learning	129	2017.33	15	organic solar cell	67	2016.34
6	building information model	129	2015.29	16	performance gap	63	2016.53
7	graphene	113	2016.11	17	self-consumption	60	2016.95
8	smart building	108	2016.48	18	historic building	58	2015.79
9	internet of things	95	2017.58	19	fuel poverty	58	2016.50
10	smart meter	84	2015.87	20	smart city	56	2017.04

6.2.3 建筑节能领域各主题词集的提取

共词分析是从关键词共同出现的角度来建立和形成网络，网络中关键词节点连线的粗细表示关键词共同出现的频次，关键词节点的距离说明了语义的相关性。距离越近，则共现频次越高，则表明这两个关键词之间的主题越相近，因此，共词网络中同一主题的关键词就聚集在一起，形成了一个平面化的数量众多的关键词聚类。本书所想要构建的建筑节能领域趋势预测模型是基于共词网络分析和关键词词频分析的集合，但共词网络是一个二维的网状结构，而词频分析则是纵向的时序结构，因此构建建筑节能领域趋势预测模型的关键，在于如何探索一个中间环节，实现横向共词网络与纵向词频分析的顺利搭接。学者刘自强研究认为主题下应该存在若干具有紧密联系的关键词集，词集中的关键词可以比较充分地反映某一研究主题。因此中间环节的关键问题应是如何提取出围绕主题中心关键词所构成的关键词集，提取的依据和标准是什么。

在本书的第5章中识别了建筑节能领域各知识域中的核心知识主题，通过对文献的分析，也可总结各知识主题的中心关键词。针对建筑能效知识域来说，居住者行为主题的中心关键词为occupant behavior，能耗预测主题的中心关键词为energy forecasting，建筑节能优化主题的中心关键词为energy optimization；针对相变材料知识域来说，相变材料热性能主题的中心关键词为thermal properties，墙体相变材料的中心关键词为wall，混凝土相变材料的中心关键词为concrete；针对全寿命周期知识域来说，全寿命周期评估主题的中心关键词为life cycle assessment，全寿命周期费用主题的中心关键词为life cycle cost，物化能主题的中心关键词为embodied energy；针对外围护结构知识域来说，墙体保温隔热厚度主题的中心关键词为wall，电致变色窗户主题的中心关键词为window，双层立面系统的中心关键词为double skin façade；针对城市热岛知识域来说，绿色屋顶主题的中心关键词为green roof，制冷材料主题的中心关键词为cool materials。

学者刘自强曾指出以单一或成对的关键词词频变化情况来预测研究主题的发展趋势是不充分的，他在文中提出利用代表某一主题的关键词集来研究主题的趋势发展，具体操作是首先构建共词网络，其次针对前6位高频关键词为主题的中心关键词，在共词网络中提取这6个主题的关键词集，最后利用时间序列分析进行了主题的趋势预测。这篇文章为本书建筑节能领域主题词集的提取提供了思路，但不同之处在于刘自强的文章是在共词网络中选取主题中心关键词，进而通过定性的判断提取围绕中心关键词的关键词集，而本书的主题以及中心关键词已经给出，需要通过一种定量的方式来提取围绕中心关键词的、与中心关键词联系最为紧密的关键词集。而这一定量化的关键词集提取方法，刘自强的文章并没有给出，需要本书进一步展开探索。

共词网络中围绕某一主题的中心关键词会与大量的相关关键词相连，相连的原理在于关键词之间的共现关系，若两个关键词之间的共现频次越多，则连续越粗，则表明这两个关键词之间的主题相关性越强。同时在某一主题的共词网络中，节点的大小代表了关键词的出现频次，若某一关键词在这个主题中出现越多，则表明与主题的相关性越强。因此，中心关键词与其他相关关键词的主题相似度可以通过两个方面衡量：一是节点之间连线的粗细；二是节点本身的大小。在此本文提出评估某一主题中心关键词与其他相关关键词主题相关性的关联强度指标，具体的假设、定义和公式如下：

基本假设：

假设1：在某一主题的共词网络中，关键词之间的连线越粗，则主题相关性越强；

假设2：在某一主题的共词网络中，关键词出现的频次越多，则与主题的相关性越强。

基本定义：

定义1：i表示建筑节能领域的第i个知识主题，并且i=1，2，3，…，14 代表了建筑节能领域的14个知识主题；

定义2：K_i表示第i个主题的中心关键词，其中i=1，2，3，…，14；

定义3：X_j^i表示第i个主题中与中心关键词相连的第j个其他相关关键词，其中j=1，2，3，…，n。

据此关联强度（association strength）指标的计算公式为：

$$AS(K_i, X_j^i) = \frac{O(k_i)}{P_i} C(K_i, X_j^i) + \left(1 - \frac{O(k_i)}{P_i}\right) O(X_j^i)$$

其中，$AS(K_i,\ X_j^i)$表示第i个主题的中心关键词与i主题中第j个相关关键词之间的关联强度；$O(k_i)$表示在第i个主题数据集中出现第i个主题中心关键词的文章篇数；P_i为第i个主题数据集的总文章篇数；$C(K_i,\ X_j^i)$表示第i个主题中心关键词与i主题中第j个相连关键词的共现频次；$O(X_j^i)$表示第j个相关关键词在i主题数据集中的出现频次。

该公式所考虑的现实情况是，某一主题的中心关键词并不一定出现在每篇文章的关键词中，若中心关键词在主题文章的关键词中出现较少，则其他相关关键词与中心关键词的共现关系就越弱，此时就需要考虑通过这一主题数据集中出现频次较多的关键词来反映主题含义。因此，该公式的基本原理为若中心关键词在主题文献关键词中出现越多，则以共现关系为主，若出现较少，则以相关关键词的出现频次为主。

在此基础，本书给出了建筑节能领域提取各知识主题关键词集的具体流程如图6.7所示。首先从所采集的建筑节能领域数据集中分离出各知识域的数据集，其

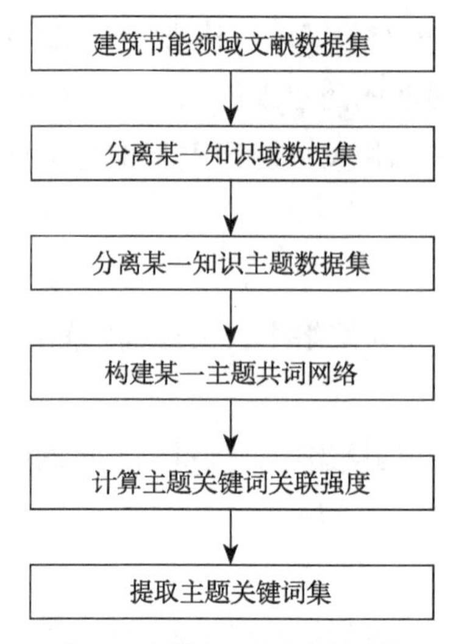

图6.7　主题关键词集提取流程

次在各知识域数据集的基础上分离出各知识主题的数据集，进而利用Vosviewer软件构建各知识主题的共词网络，并查询主题中心关键词与其他相关关键词的共现频次。然后在知识主题数据集中计算与中心关键词相连的其他相关关键词的出现频次及中心关键词在文献关键词部位的出现频次，进而利用本书所给出的关联强度指标计算出中心关键词与其他相关关键词的关联强度，最后选取前4个关联强度最高的，能够反映主题实际研究内容的关键词构成主题关键词集。最终提取的各知识域的各主题的关键词集如下：

（1）建筑能效知识域

图6.8展示了本书所提取的建筑能效知识域中各知识主题的关键词集，其中居住者行为（occupant behavior）主题包含了人类行为（human behavior）、自适应行为（adaptive behavior）、行为模型（behavior model）和随机模型（stochastic model）这4个关键词；能耗预测（forecasting）主题包含了能源管理（energy management）、神经网络（neural networks）、机器学习（machine learning）、智能建筑（intelligent buildings）和模型预测控制（model predictive control）这5个关键词；建筑节能优化（optimization）主题包含了遗传算法（genetic algorithm）、多目标优化（multiobject optimization）、费用（costs）和建筑设计（architectural design）这4个关键词。

（2）相变材料知识域

图6.9展示了本书所提取的相变材料知识域中各知识主题的关键词集，其中相变材料热性能（thermal properties）主题包含了导热系数（thermal conductivity）、热

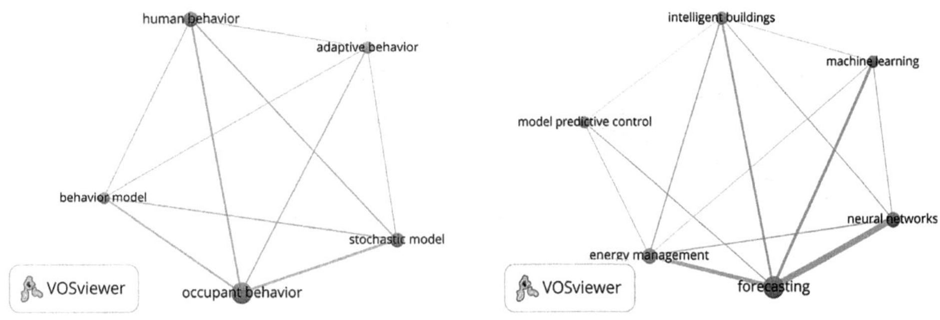

主题1：居住者行为主题　　　主题2：能耗预测主题

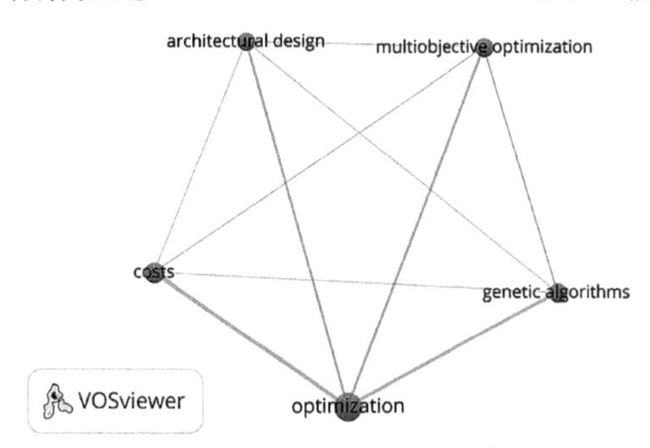

主题3：建筑节能优化主题

图6.8　建筑能效知识域各主题关键词集

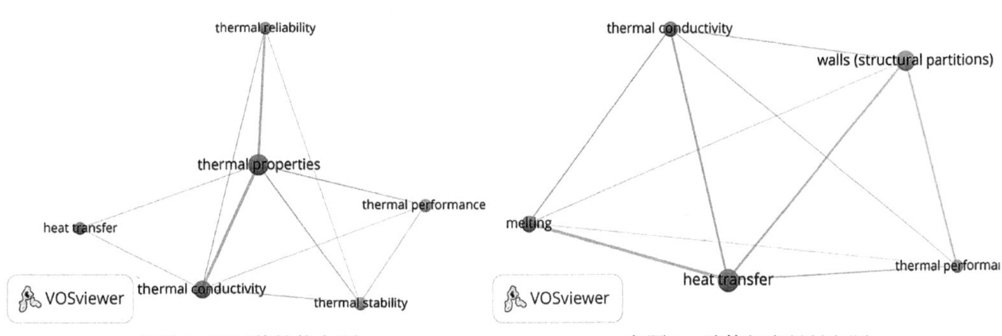

主题4：PCM热性能主题　　　主题5：墙体相变材料主题

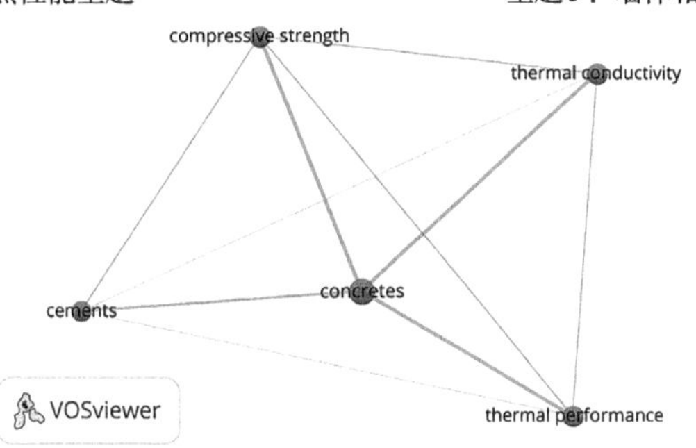

主题6：混凝土相变材料主题

图6.9　相变材料知识域各主题关键词集

稳定性（thermal stability）、热力性能（thermal performance）、热可靠性（thermal reliability）和热传导（heat transfer）这5个关键词；墙体相变材料（walls）主题包含了导热系数（thermal conductivity）、熔融（melting）、热传导（heat transfer）、热工性能（thermal performance）这4个关键词；混凝土相变材料（concrete）主题包含了导热系数（thermal conductivity）、热性能（thermal performance）、水泥（cements）和抗压强度（compressive strength）这4个关键词。

（3）全寿命周期知识域

图6.10展示了本书所提取的全寿命周期知识域中各知识主题的关键词集，其中全寿命周期评估（life cycle assessment）主题包含了全寿命周期分析（life cycle analysis）、可持续发展（sustainable development）、环境影响（environmental impact）和二氧化碳（carbon dioxide）这4个关键词；全寿命周期费用（life cycle cost）主题包含了费用收益分析（cost benefit analysis）、费用核算（cost accounting）、投资（investments）和费用有效性（cost effectiveness）这4个关键词；物化能（embodied energy）主题包含了全寿命周期分析（life cycle analysis）、建筑产业（construction industry）、建筑材料（building materials）和环境影响（environmental impact）这4个关键词。

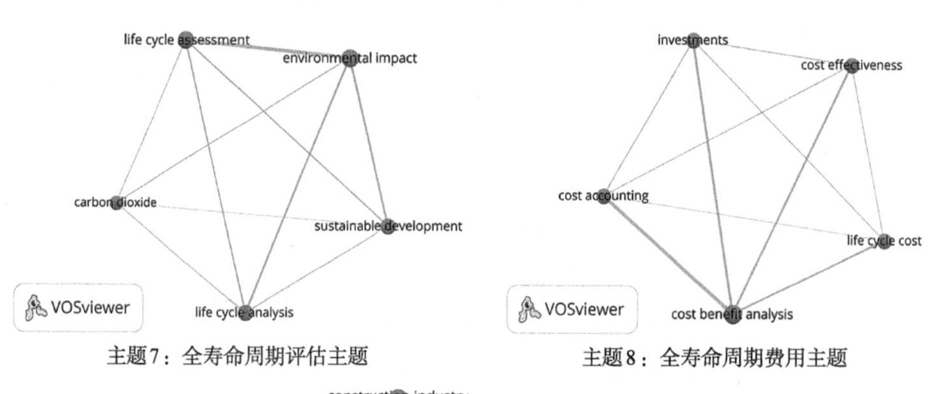

主题7：全寿命周期评估主题　　主题8：全寿命周期费用主题

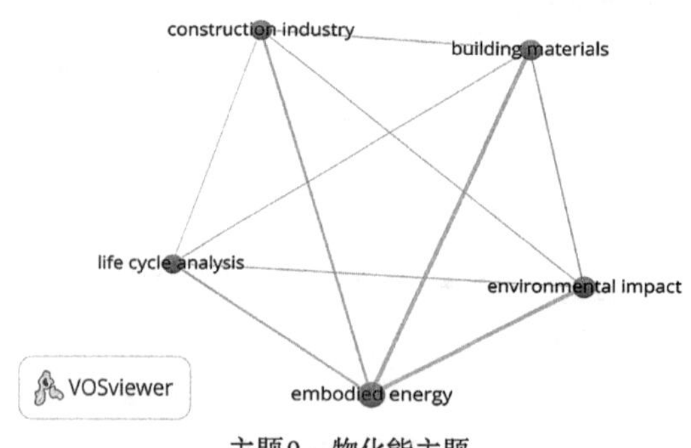

主题9：物化能主题

图6.10　全寿命周期知识域各主题关键词集

（4）外围护结构知识域

图6.11展示了本书所提取的外围护结构知识域中各知识主题的关键词集，其中墙体保温厚度（walls）主题包含了保温材料（insulation materials）、热保温（thermal insulation）、保温厚度（insulation thickness）和热传导（heat transfer）这4个关键词；电致变色窗户（windows）主题包含了电致变色（electrochromism）、薄膜（thin films）、热传导（heat transfer）、采光（daylighting）这4个关键词；双层立面系统（double skin facade）主题包含了通风（ventilation）、空气流动（airflow）、热传导（heat transfer）和计算流体力学（computational fluid dynamics）这4个关键词。

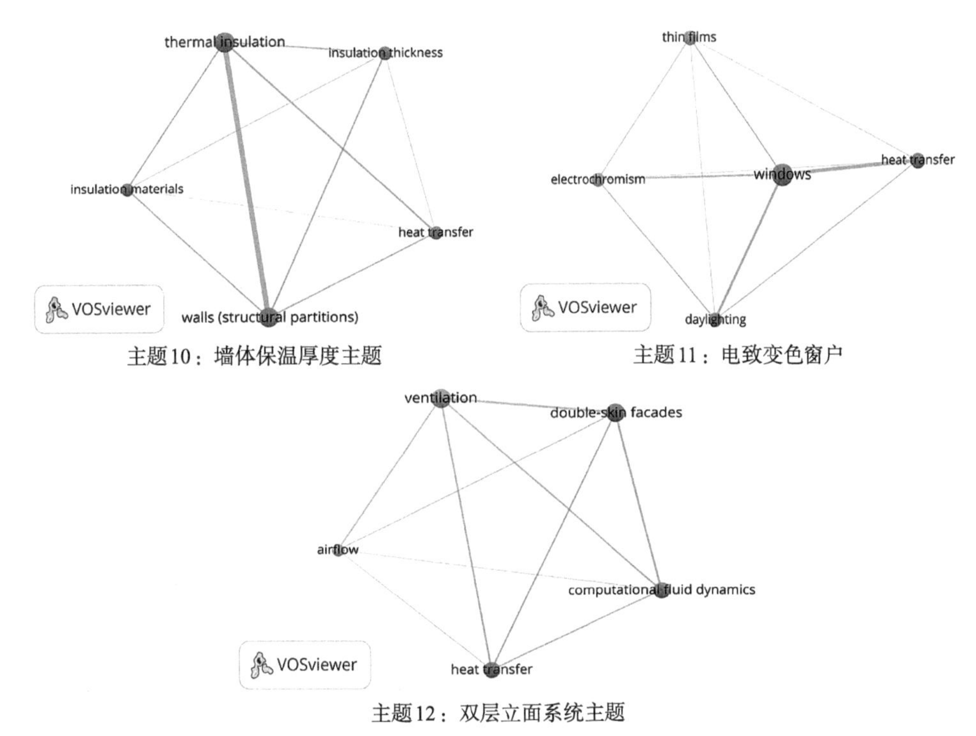

图6.11　外围护结构知识域各主题关键词集

（5）城市热岛知识域

图6.12展示了本书所提取的城市热岛知识域中各知识主题的关键词集，其中绿色屋顶（green roof）主题包含了冷屋顶（cool roofs）、涂层（coatings）、反照率（albedo）和植被（vegetation）这4个关键词；制冷材料（cool materials）主题包含了冷屋顶（cool roofs）、反照率（albedo）、太阳热反射（solar reflectance）、涂层（coating）这4个关键词。

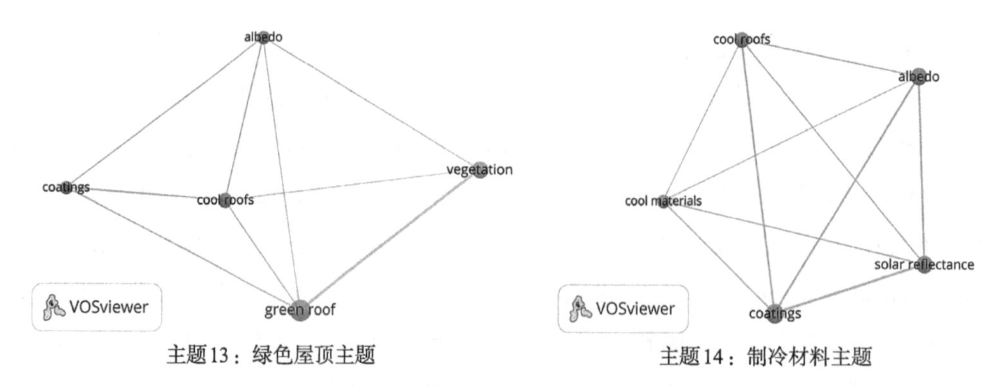

主题13：绿色屋顶主题　　主题14：制冷材料主题

图6.12　城市热岛知识域各主题关键词集

不同知识域中各主题关键词集中的关键词术语之间紧密相连，能够更加完整、全面地展现知识主题的研究内涵。例如在居住者行为主题簇中，居住建筑中人类对不同舒适感知下的行为模型、行为变化及自适应行为等所引起的能耗使用变化是该主题词集的研究内涵；在相变材料热性能中可以看到热传导、导热系数等都能反映PCM的热性能；而在绿色屋顶主题词集中，可以看出冷屋顶、植被屋顶也是绿色屋顶主题的研究内涵。由此更进一步证明了构建建筑节能领域知识趋势模型的重要性，表明了在研究知识发展趋势研究中构建适用于绿色建筑领域的主题关键词集的重要作用。

6.3 建筑节能领域各主题词集的趋势预测

6.3.1 LM-BP神经网络算法

人工神经网络作为信息处理模型，其灵感来自生物大脑中互连结构处理信息方式的学习，其最主要的力量在于它能够捕获数据中固有的非线性关系。线性模型发展到现今，已经非常成熟，而在当下的研究问题中人们却常常会遇到很多非线性的问题。现实世界中的非线性问题会受到很多因素的干扰，因此，利用回归分析进行非线性研究就会产生很大的不确定性，无法得到一个准确的预测结果。随着人工智能及机器学习技术的发展，人工神经网络逐步在数据预测领域表现出自己的优势，通过对已有数据的训练来预测未来的发展趋势。BP神经网络是当下神经网络技术中最常用的方法，该方法具有良好的自我学习能力，能够解决各个领域中的常见问题。在6.2节已经利用共词网络分析方法提取了建筑节能领域各知识域的主题关键词集，这些主题关键词集从提出至今已经历多年的发展，且历年各主题关键词集的数据分布呈现非线性关系。因此，6.3.1节采用BP神经网络来预测各主题词集的未来发展趋势。

BP神经网络由输入层、隐含层和输出层构成，训练阶段包括信息的正向传播和误差的反向传播，以此来通过对误差的不断修正来达到使预测数据与实际数据相接近的目的。在正向传播中，输入层的数据通过隐含层的处理，自输出层产生最终的数据信息。此阶段所有层的神经元只影响基础神经元的状态，网络的权重和阈值保持不变。若输出结果与所需的实际输出信号不一致，则进入反向传播阶段，将误差信号从输出层传递回前一层，利用误差梯度下降等方法来调整网络权重和阈值，依次循环持续训练学习，最终将误差降低在一个可接受的范围内。本节采用LM优化算法来对BP网络进行训练，能够解决BP神经网络收敛速度慢和容易陷入局部极小值的问题，具体训练流程如下：

（1）信号前向传播阶段

图6.13展示的一个典型三层BP神经网络结构为例，将来自训练集的所有输入样本以随机初始权重和阈值的方式输入网络。设输入层中的输入信号为S_0，任意的单个神经元为S_m^0；设隐含层具有S_1个神经元，单个神经元可以用i表示。设输出层拥有S_2个输出神经元，并且任意神经元可由j表示。此外，输入层和隐含层之间的权重矩阵中的元素可表示为$\omega_{i,m}^1$（i=1，2，…，s^1；m=1，2，…，s^0），并且b_i^1是隐含层的任意阈值。隐含层和输出层之间权重矩阵中的元素由$\omega_{j,i}^2$（j=0，1，2，…，s^2）表示，且b_j^2是输出层的任意阈值。隐含层的净输入表示为$n_{i,q}^1$，隐含层的输出表示为$a_{i,q}^1$，而输出层的净输入由$n_{j,q}^2$表示，输出层的输出由$a_{j,q}^2$表示，其中任意样本可表示为q（q=1，2，…，Q）。

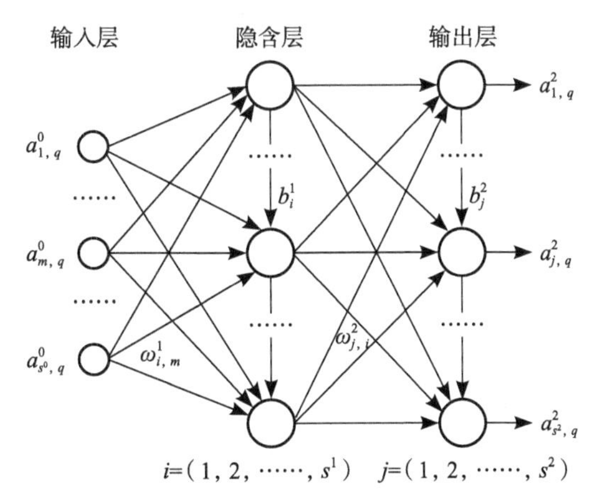

图6.13　神经网络结构图

设进入神经网络的训练样本为：

$a^0=[a_1^0, a_2^0, \cdots, a_Q^0]$，　　$a_q^0=[a_{1,q}^0, a_{2,q}^0, a_{3,q}^0, \cdots, a_{s^0,q}^0]^T$；

神经网络输出为：

$a^2=[a_1^2, a_2^2, \cdots, a_Q^2]$，　　$a_q^2=[a_{1,q}^2, a_{2,q}^2, a_{3,q}^2, \cdots, a_{s^2,q}^2]^T$；

训练样本的期望输出为：

$d=[d_1, d_2, \cdots, d_Q]$，　　$d_q=[d_{1,q}, d_{2,q}, \cdots, d_{s^2,q}]^T$；

则信号从输入层传播到隐含层满足以下条件：

$n^1=W^1\times a^0+b^{1'}$，$a^1=F^1(n^1)$；

信号从隐含层传播到输出层应满足：

$n^2=W^2\times a^1+b^{2'}$，$a^2=F^2(n^2)$；

故此，输出层中所有神经元的误差平方和为：

$$e=d-a^2=(e_{j,q})_{s^2\times Q}=\begin{bmatrix} e_{1,1} & e_{1,1} & \cdots & e_{1,1} \\ e_{2,1} & e_{2,1} & \cdots & e_{2,1} \\ \vdots & \vdots & \ddots & \vdots \\ e_{s^2,1} & e_{s^2,1} & \cdots & e_{s^2,1} \end{bmatrix};$$

$$error=\sum_{j=1}^{s^2}\sum_{q=1}^{Q}e_{j,q}^2$$

此时，若误差$error\leqslant\varepsilon$（$\varepsilon$代表了学者预期的计算精度），则计算终止。若$error>\varepsilon$，则进入到误差的前馈传播阶段。

（2）误差前馈传播阶段

LM算法是对传统BP神经网络的优化，通过针对数据的优化来加快数据训练的进程。该算法与拟牛顿法具有一定的相同之处，那就是他们都不需要对Hessian矩阵进行计算，仅仅是利用一个近似的Hessian矩阵来正确设置权重和阈值，具体公式如下：

$$x(k+1)=x(k)-[J^T\times J+m\times I]^{-1}\times J^T\times v$$

式中，k代表了迭代次数，当LM算法的优化系数为一个较大的系数时，上述公式接近一个递减的梯度算法，当LM算法的优化系数较小时，上面的公式接近高斯—牛顿方法。其中：

$$x=[x_1 \quad x_2 \quad \cdots \quad x_n)]^T$$
$$=[\omega_{1,1}^1 \quad \cdots \quad \omega_{s^1,s^0}^1 \quad b_1^1 \quad \cdots \quad b_{s^1}^1 \quad \omega_{1,1}^2 \quad \cdots \quad \omega_{s^2,s^1}^2 \quad b_1^2 \quad \cdots \quad b_{s^2}^2]^T$$
$$v=[v_1 \quad v_2 \quad \cdots \quad v_N)]^T$$

$$=[e_{1,1} \quad \cdots \quad e_{s^2,1} \quad e_{1,2} \quad \cdots \quad e_{s^2,2} \quad \cdots \quad e_{1,Q} \quad \cdots \quad e_{s^2,Q}]^{T}$$

训练集中训练样本的归一化观察用于从神经网络的输出中减去拟合值。误差平方和可以通过以下公式求解，并且误差$error_1$可以用来度量拟合的精度。如果$error_1 < error$或者当前的$error_1$小于最新训练中的误差，则将μ除以θ；如果$error_1 \geqslant error$或者当前$error_1$不小于最新训练中的误差，则将μ乘以θ。通常，θ是一个大于1的常量，并且μ的初始值是0到1之间的常数。

$$e=d-a^2=(e_{j,q})_{s^2\times Q}=\begin{bmatrix} e_{1,1} & e_{1,2} & \cdots & e_{1,Q} \\ e_{2,1} & e_{2,2} & \cdots & e_{2,Q} \\ \vdots & \vdots & \ddots & \vdots \\ e_{s^2,1} & e_{s^2,2} & \cdots & e_{s^2,Q} \end{bmatrix};$$

$$error_1=\sum_{j=1}^{s^2}\sum_{q=1}^{Q}e_{j,q}^2$$

$$\mu \Leftarrow \begin{cases} \mu \div \theta & error_1 < error \\ \mu \times \theta & error_1 \geqslant error \end{cases}$$

经过计算，在获得各个层的新权重值和新阈值之后，对μ进行必要的校正，μ值也会随着每成功迭代一次，而不断地下降。至此，计算可以传递到前向传播阶段。具体流程图如图6.14所示。

图6.14显示了LM-BP神经网络运算的整体流程，首先要确定神经网络的拓扑结构，即确定输入层神经元个数、隐含层神经元个数和输出层神经元个数；进而初始化连接权值和阈值，并利用LM算法进行优化；继续使用优化后的连接权值和阈值进行数据的训练，直到网络收敛。此时对预测的数据与实际测试数据进行对比分析，计算反向误差，实现权值和阈值的更新，继续训练直到预测数据与实际测试之间的误差达到一定的范围之下。最后满足训练的终止条件后，进行所研究问题的预测结果的输出，并进行结果的整理和作图分析。

6.3.2 领域各主题词集数据的训练

6.2节中在各知识主题文献数据的基础上，构建了各知识主题的共词网络，并利用本书所提出的关联强度指标提取了能够反映各主题含义的关键词集。在此以主题关键词集为整体，进行主题频次的统计，若关键词集中的任一关键词出现在主题文献数据集的关键词部分，则认为这一主题在文献数据集中出现了一次。据此可得到建筑节能领域各主题的数据分布如图6.15所示。由图6.15可看出建筑节能领域

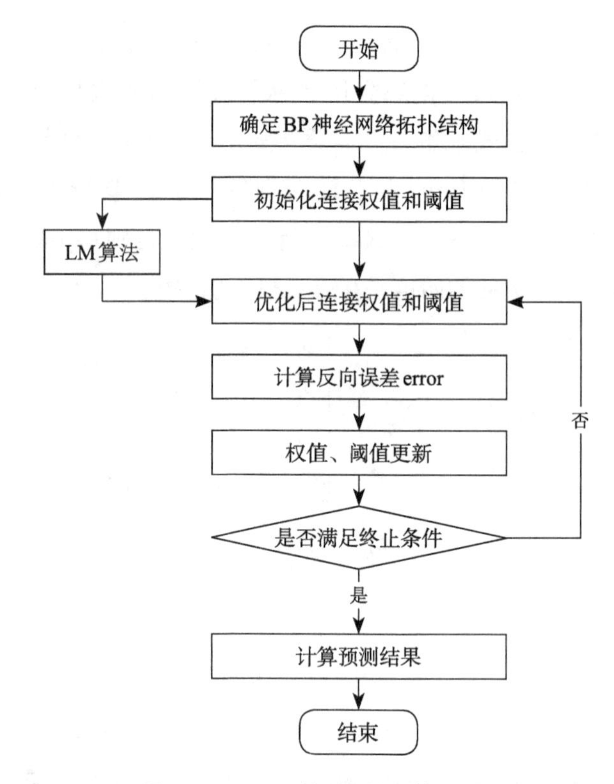

图6.14　LM-BP神经网络运算流程图

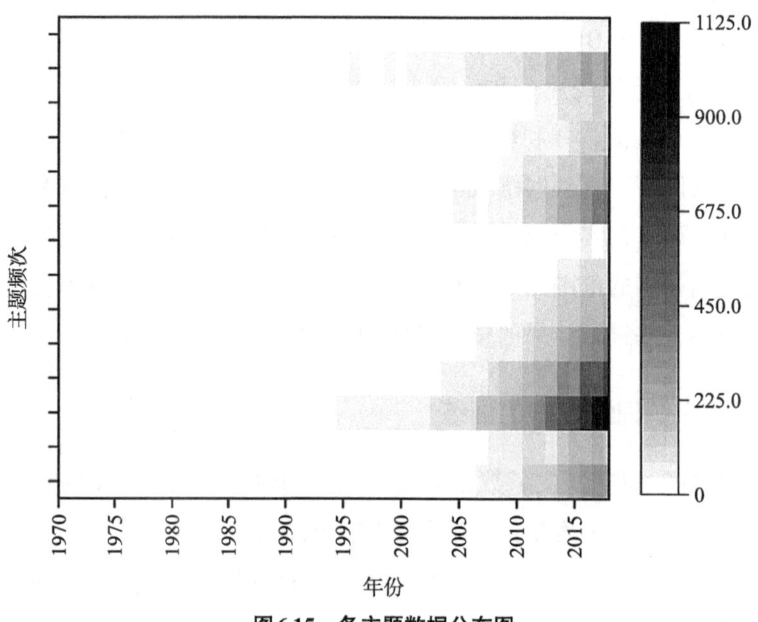

图6.15　各主题数据分布图

各知识主题数据符合标准的时间序列数据。时间序列数据分析的原理是通过历史数据和所总结的时序规律来预测时间序列的未来值。若设时间序列为$\{X_t\}$，其中$X_t=X(t)$（$t=0$，±1，±2，…），则序列分析中之前的m个值则被认为与之后的值存在某种函数关系，即$X_{n+k}=F(X_n, X_{n-1}, \cdots, X_{n-m+1})$，而时间序列神经网络方法就是用神经网络来拟合时间序列函数$F(X)$，从而找到X_{n+k}与X_n，X_{n-1}，…，X_{n-m+1}之间的映射关系，然后用此映射关系来进行未来值的预测。因此在6.3.2、6.3.3节，本书利用时间序列数据的神经网络分析方法来展开建筑节能领域各知识主题的趋势预测。

据此，建筑节能领域主题簇的神经网络分析基本流程可以按以下步骤进行：

（1）确定模型输入层初始神经元个数

对于数据分析，一般情况下数据的数量越多，分析的精度就越高，因此本书统计并整理了建筑节能领域从出现（1970）到发展至今（2019）这49年间各知识主题的出现频次数据，即每列主题均含有49行数据。在此采用的神经网络的输入数据为某一主题前3年的出现频次，输出数据为第4年的主题出现频次。

（2）确定隐含层神经元个数

在建筑节能领域各主题的时间序列数据中，由上一步确定初始输入神经元个数为3个，输出神经元个数为1个，即将前3年的数据作为输入变量，第4年的数据作为输出变量。隐含层神经元的个数通常可以用以下公式进行初步确定：

$$l=\sqrt{d+k}\pm b$$

式中，d=3，k=1，b为1～10之间的常数，因此可初步确定隐含层神经元个数为1～12个。结合模型的最小均方差，采用多次试验的方法进行逐次判断，最终确定这14个主题的神经网络结构如图6.16所示，经测试在该网络结构下14个主题均

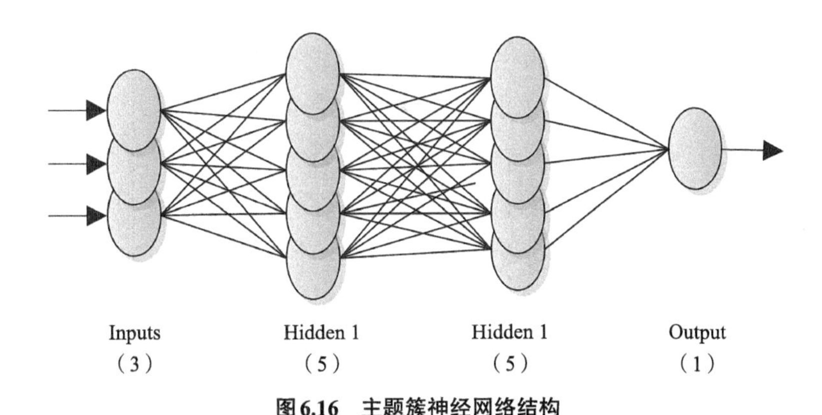

图6.16　主题簇神经网络结构

可取得良好的计算效果，故可以确定建筑节能领域主题的神经网络结构为3-5-5-1，即输入层的神经元个数为3个、两个隐含层的神经元个数分别为5个、输出层的神经元个数为1个。

（3）BP神经网络模型的训练

建筑节能领域这14个主题的数据在进行神经网络训练时，首先需要分别确定训练数据集和测试数据集中数据的个数。考虑本节想预测各主题未来5年的变化，选择将前44年的主题数据作为学习样本对网络进行训练，后5年作为测试数据对网络模型的拟合精度进行校验，值得注意的是不能过分强调网络误差要小，否则会造成过度训练，虽能较好拟合学习样本但预测能力较差。据此将前3年数据作为输入向量，第4年作为输出目标，依此类推到以第46、47、48年为输入变量，第49年为输出目标，最终可得到46组数据。其次设建筑节能领域时间序列数据神经网络的最大学习次数为1000，学习的效率为0.05，训练的误差目标为0.001，网络优化的算法为L-M，与训练有关的传递函数则使用双曲正切S形tansig。在此基础，进而以3-5-5-1的神经网络结构形式展开关键词集数据的训练。

在确定最终的模拟结果后，可知建筑节能领域各主题的LM-BP神经网络训练信息。此处展示了主题能耗预测的神经网络训练过程图如图6.17所示，网络结构为3-5-5-1，训练算法选择Levenberg-Marquardt，绩效评判选择Mean Squared Error，可以看出主题居住者行为的数据频次在训练了12次以后达到误差目标小于0.001，此时该主题的数据训练停止，模型误差（均方误差-mse）为0.000747，误差曲面梯度变化率为0.0290。

建筑节能领域主题关键词集的数据训练完成后首先要查看神经网络的误差变化曲线，图6.18给出了建筑节能领域这14个主题的误差变化曲线，例如主题居住者行为在训练次数达到17次时，均方误差值降到0.00055532；主题能耗预测在训练12次后均方误差值降到0.00074717；主题建筑节能优化在训练次数为6次时，均方误差值降到0.00060111；主题PCM热性能在训练16次后，均方误差值降到0.00092422。此时所有主题的误差值mse均小于设定的0.001，此后各主题词集数据的训练曲线虽会继续下降，但最终误差会保持在一个水平且稳定的状态，此时网络性能已调整至最佳状态，即可停止训练。这14个主题数据的神经网络训练次数较小的原因主要是由于LM算法下降速度很快，样本数量较少的情况下可很快达到拟合精度要求，无需过度训练。

本书采用了LM训练算法，该方法是一种优化后的梯度下降算法。神经网络在

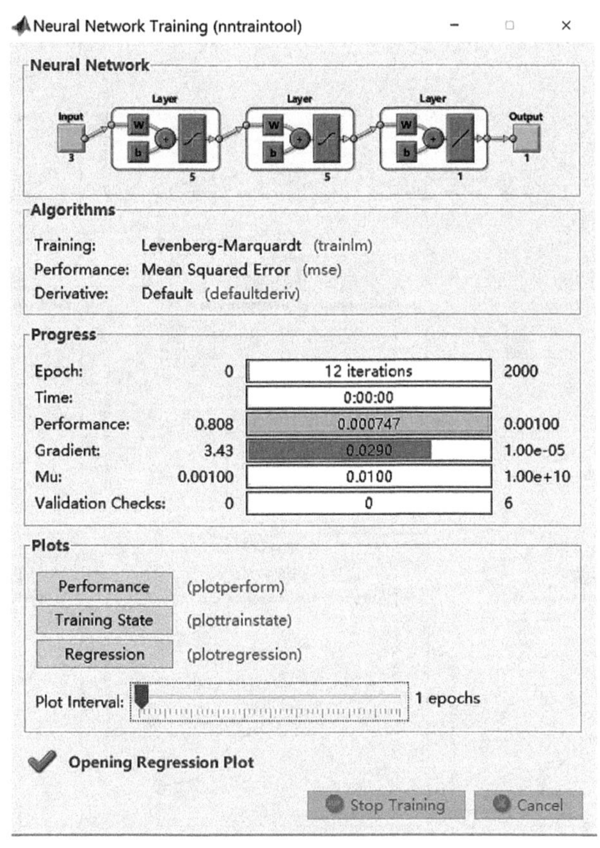

图6.17　居住者行为主题神经网络训练

对数据的不断调整和修正中使误差梯度不断下降，最后逐步收敛的过程。图6.19展示了建筑节能领域各主题在系统不断优化的过程中的梯度变化率，可以看出在达到各主题数据所设定的精度时，此时的训练次数所对应的梯度值最低，次数增加梯度又会上升，说明这时的训练达到了最好的效果，此时的误差值最小。

图6.20显示了在隐含层节点个数为5个时，建筑节能领域各主题在BP神经网络计算下的预测值与实际值的对比情况。由图6.20可以看出主题建筑节能优化、主题PCM热性能、主题墙体PCM、主题全寿命周期评估、主题电致变色窗户、主题墙体保温厚度、主题双层立面系统、制冷材料的预测值与实际值非常接近，误差值极小。相对来说，主题居住者行为、主题物化能、主题绿色屋顶相较其他主题存在少量的偏差，但都集中在[0，0.3]区间，所以整体来讲该模型的拟合情况良好，存在的误差也是在可以接受的范围内。

建筑节能领域主题词集神经网络的拟合过程是由输入向量经过隐含层的非线性

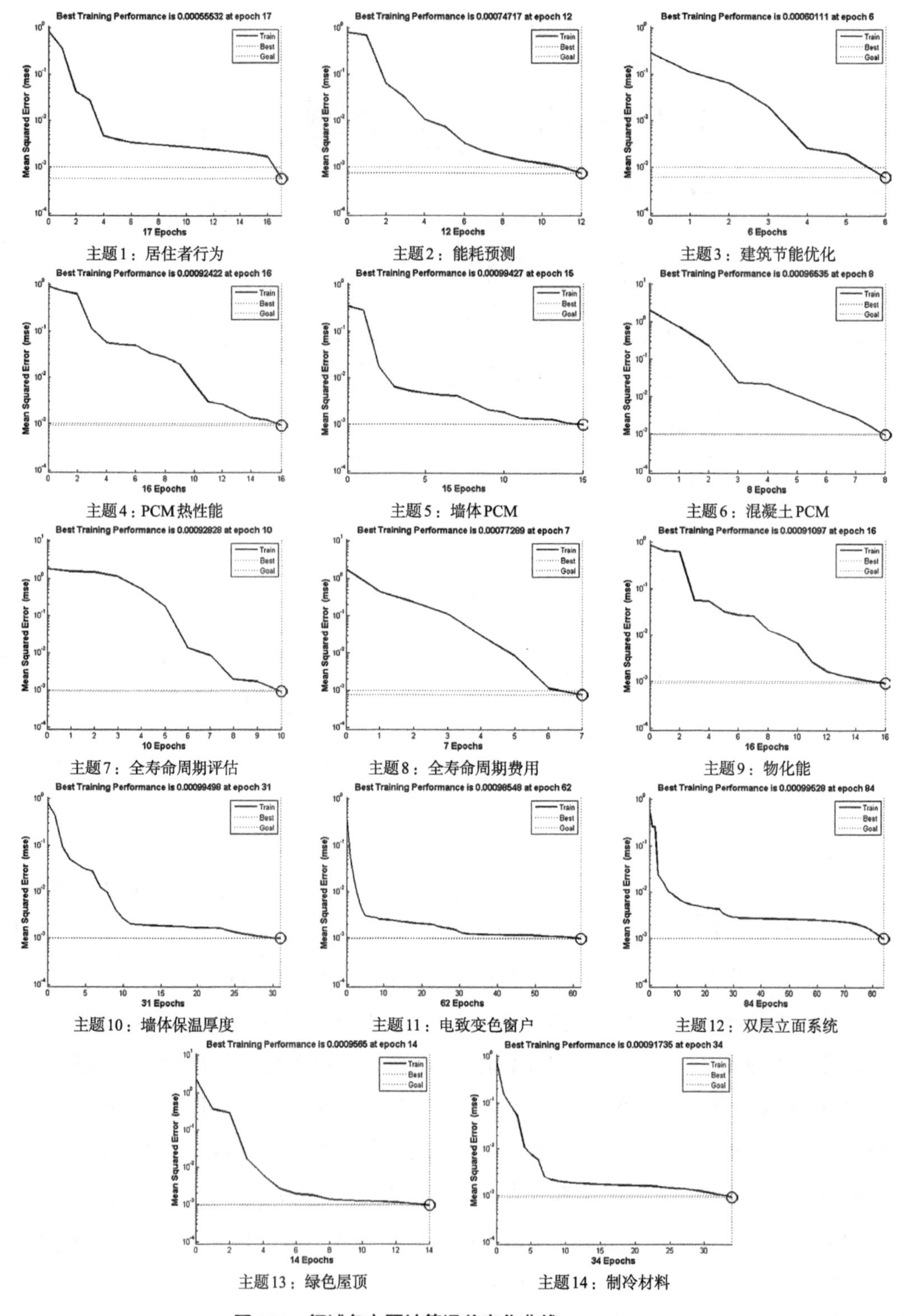

图6.18　领域各主题计算误差变化曲线

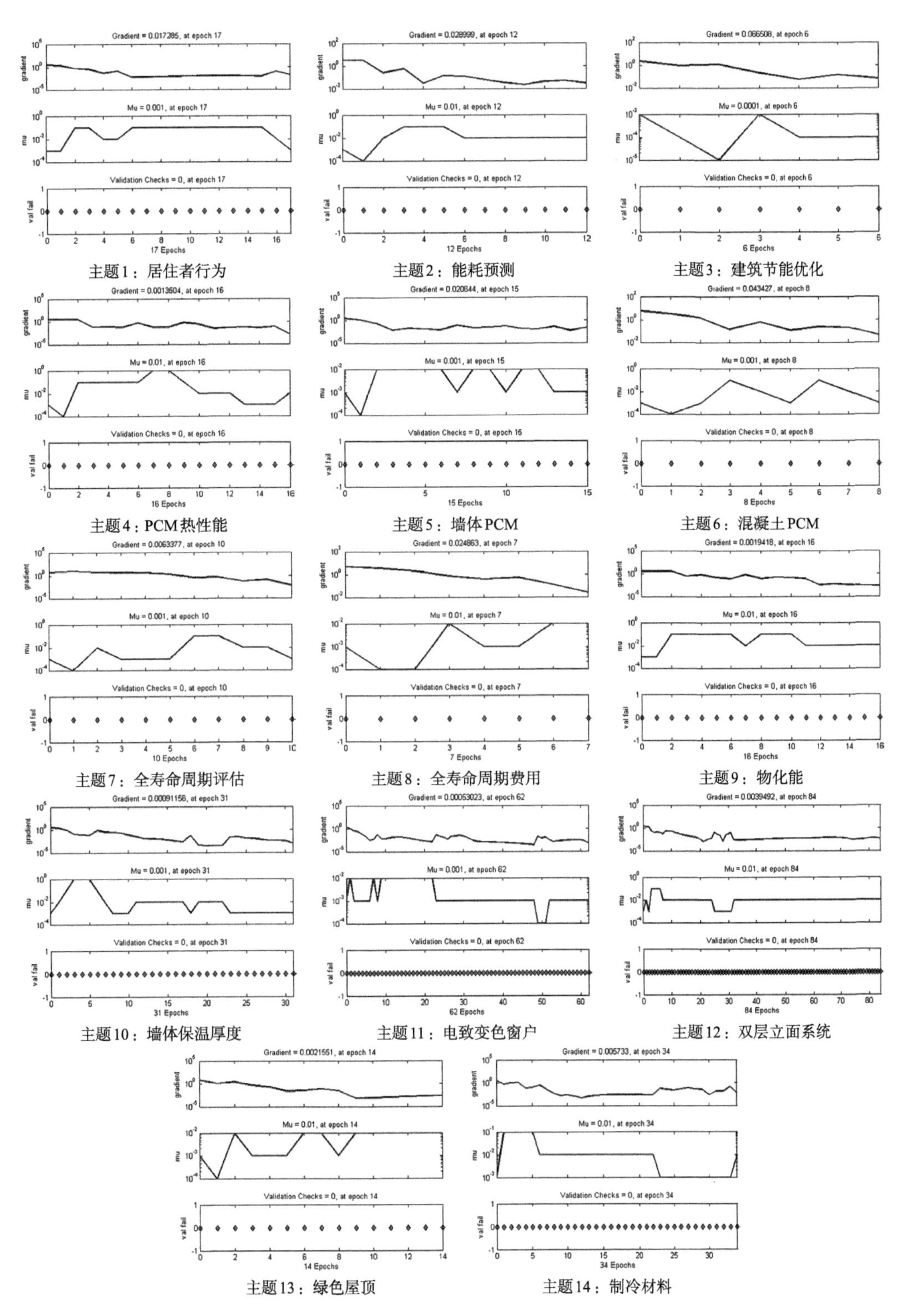

图6.19　领域各主题计算梯度变化曲线

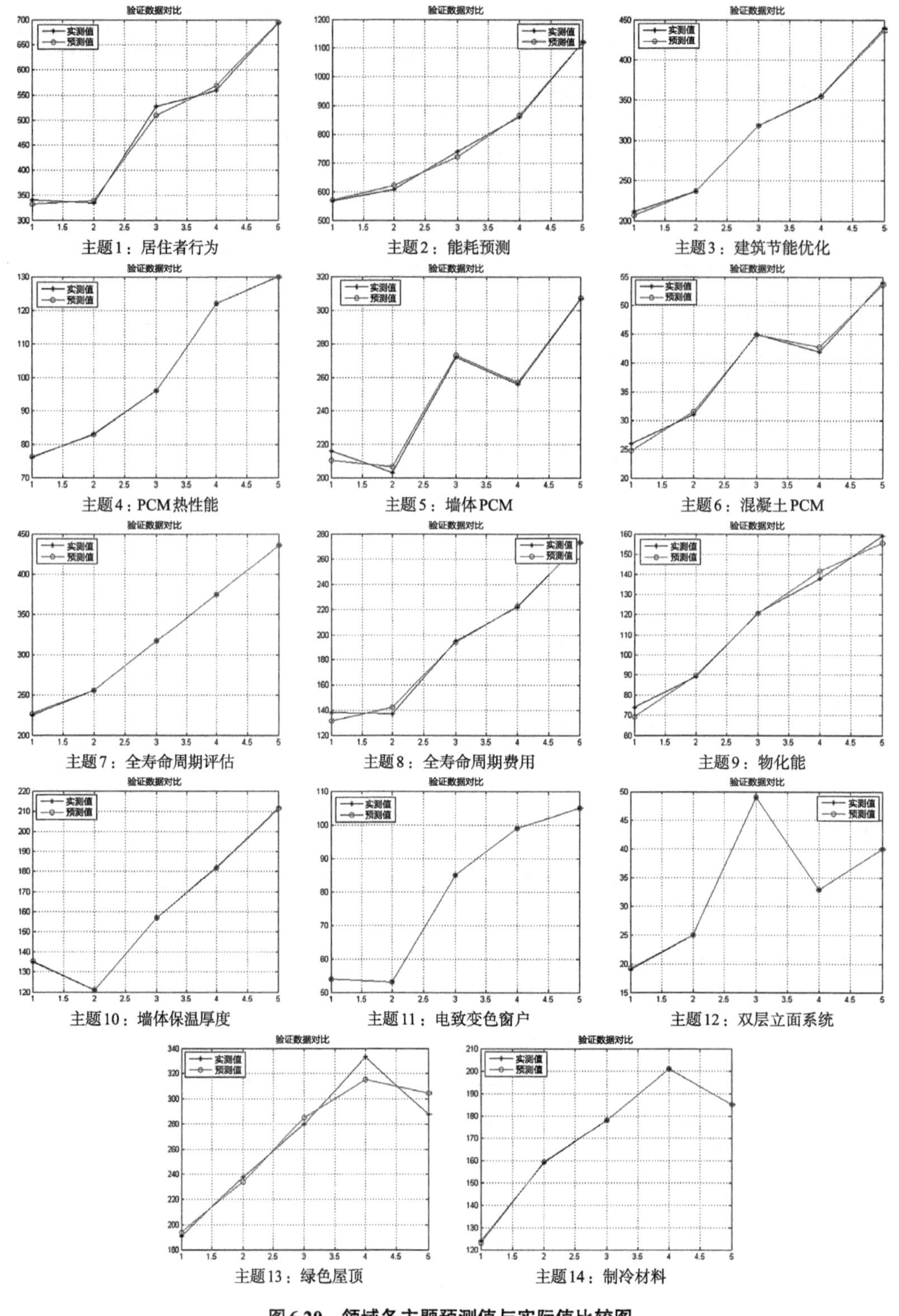

图6.20　领域各主题预测值与实际值比较图

处理，然后通过输出层的线性处理来得到预测结果，若最后的结果显示预测值和真实的主题数据相差较小，则表明模拟结果比较理想。图6.21为建筑节能领域各主题词集网络模型的训练结果回归拟合图，图6.21中的拟合输出线与本数据集中的目标输出曲线非常接近，几乎重合在一起，且拟合相关系数R都大于0.95000，表明LM-BP模型的预测值与建筑节能领域各主题实际值之间的拟合效果较好。

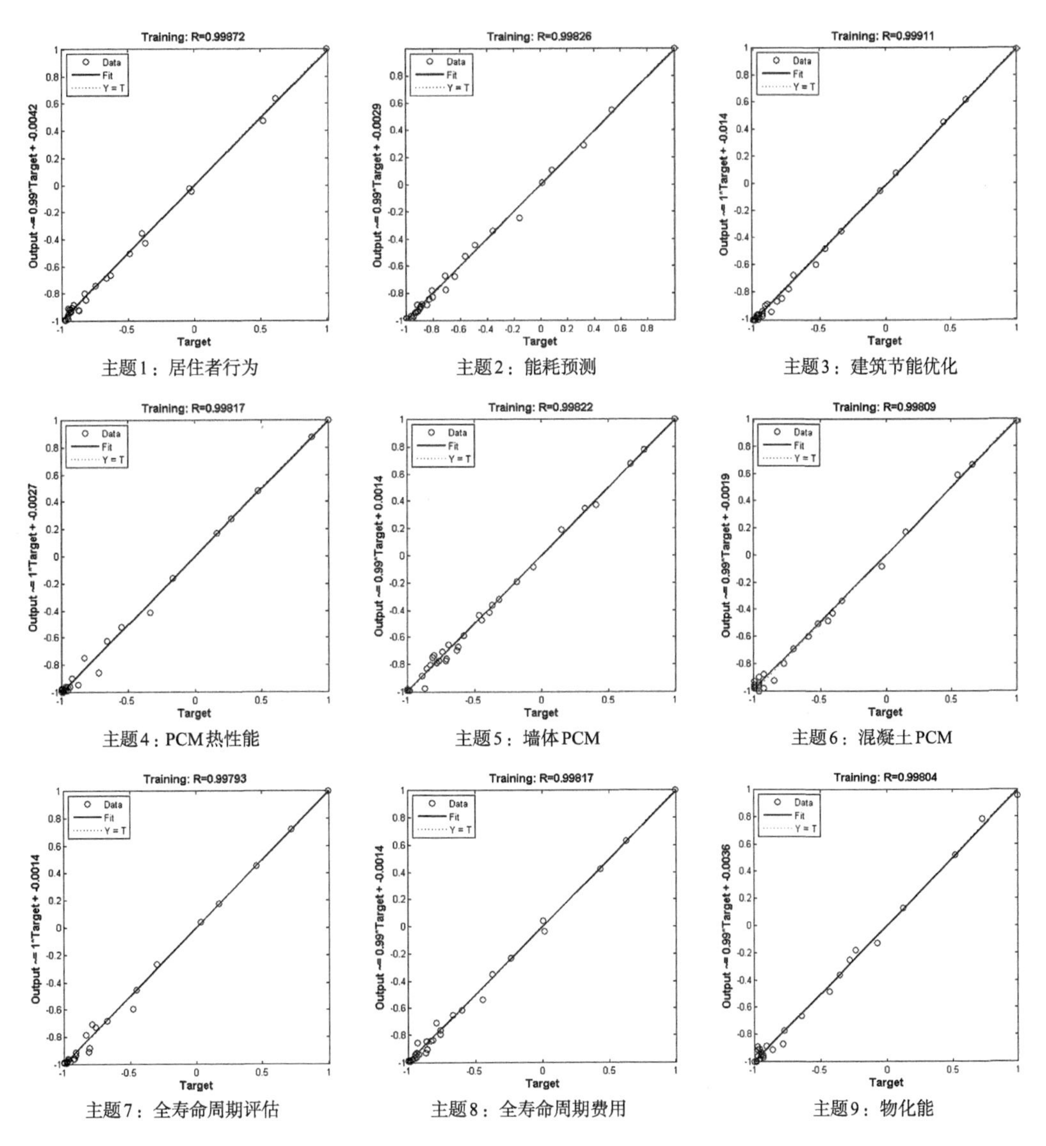

图6.21　领域各主题训练数据回归曲线（一）

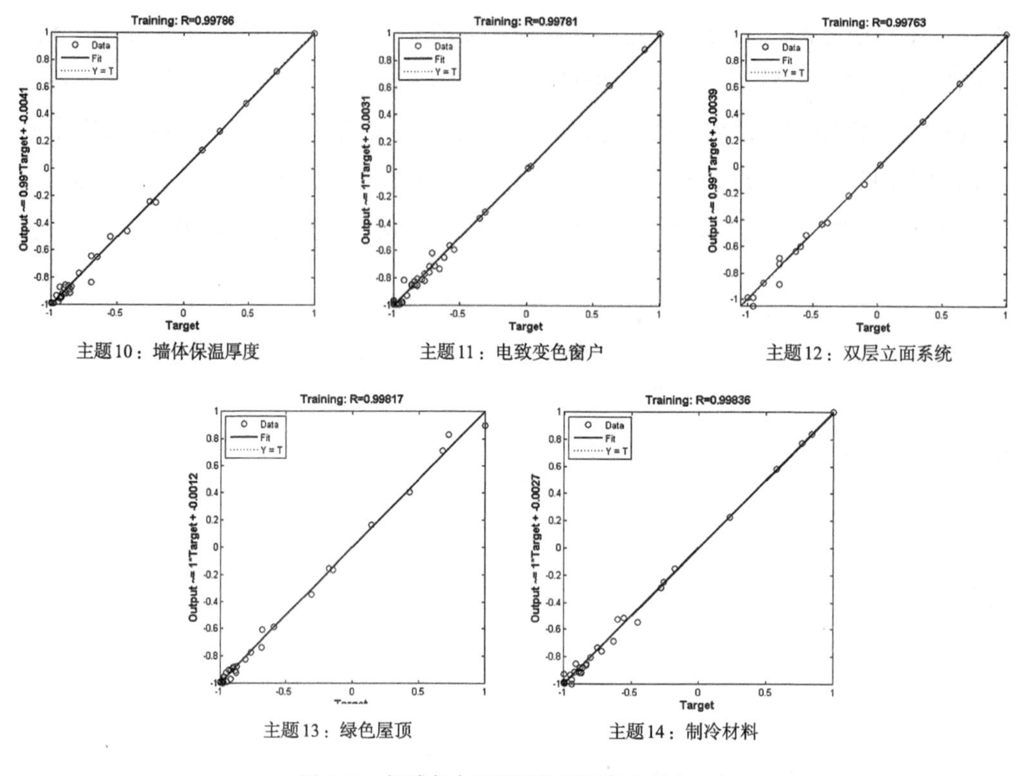

主题10：墙体保温厚度　主题11：电致变色窗户　主题12：双层立面系统

主题13：绿色屋顶　主题14：制冷材料

图6.21　领域各主题训练数据回归曲线（二）

6.3.3 领域各主题词集的趋势预测

在建筑节能领域各主题词集数据训练结束后，便可进行各主题的知识发展趋势的预测。根据6.3.2节所确定的建筑节能领域主题词集数据的神经网络结构，即利用前3年的数据预测第4年的数据，且网络结构为3-5-5-1，故可知2016年、2017年、2018年的数据可预测2019年的数据，进而可利用2017年、2018年、2019年的数据预测2020年的数据，以此类推来预测此后5年建筑节能领域各主题的发展变化趋势。具体建筑节能领域各知识主题的趋势预测图如图6.22所示。

由图6.22来看，建筑节能领域这14个主题的发展走势基本与大领域的年度发展趋势一致。在3.2.1节领域的年度文献数量分布中，我们得出建筑节能领域当下仍处于发展的黄金时期，属于科学计量学家普赖斯所提出的科学知识增长的自然规律领域快速增长阶段。因此我们可以发现图6.22中这14个主题在此后的5年间大部分也呈现出增长的态势，唯一的例外是双层立面系统主题，在此后的5年相关文献数量没有增长而是与当下保持波动平齐。针对这一现象，我们可以从5.2节提取

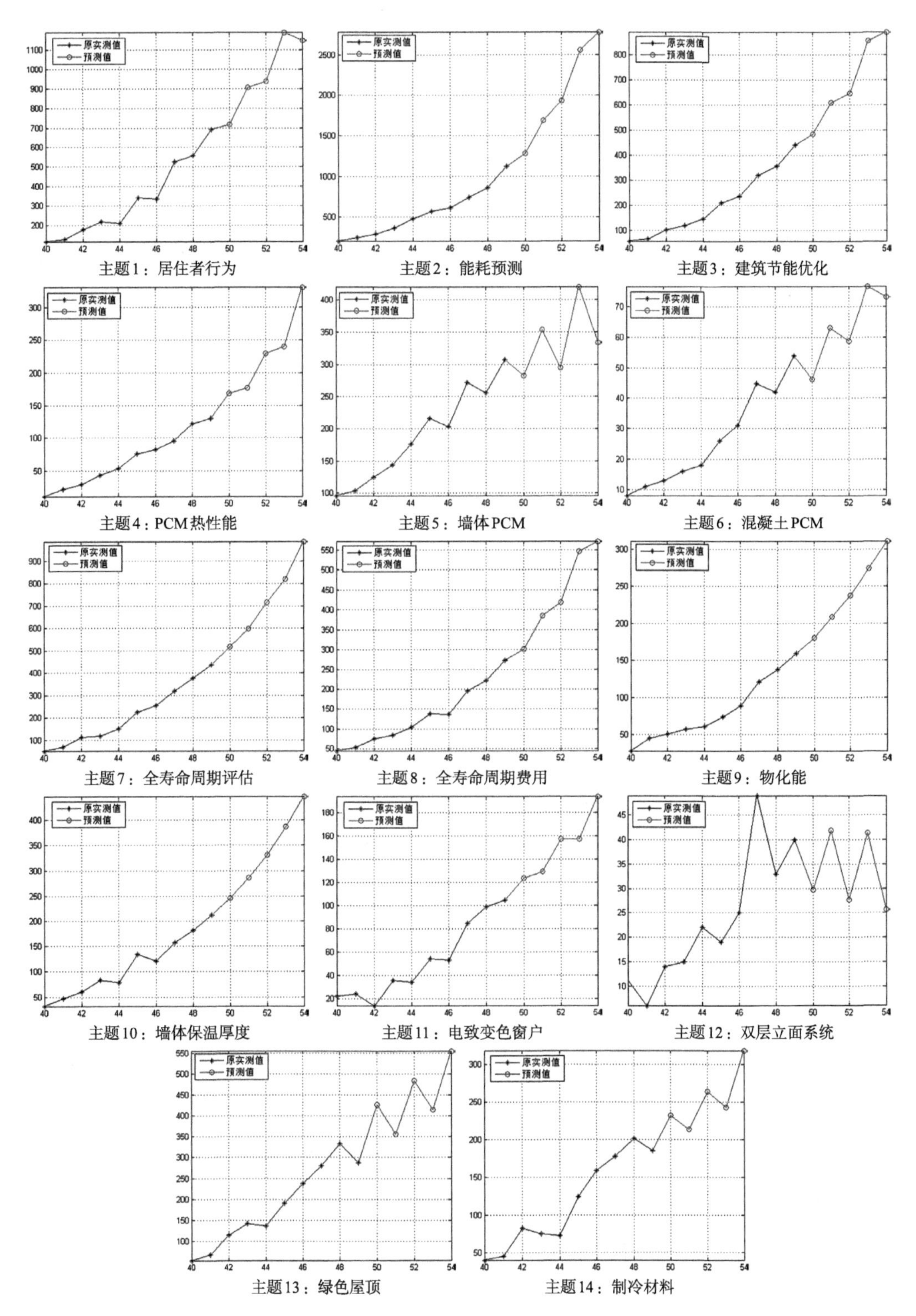

图6.22　领域各主题趋势预测图

各主题的关键词集中寻找原因，在分离出各主题的文献数据时，主题双层立面系统的文献最少，属于建筑节能领域内的小众研究。故而针对这一主题关注的学者相对较少，在经历了前期高速发展阶段后，这一主题已进入普赖斯所提出的知识巩固的稳定发展阶段，呈现出如图6.22所示的发展趋势。

由图6.22可以看出绝大多数主题仍处于快速增长的阶段，但由于每个主题上升的空间幅度不同（纵轴的单位量级不同），故而这九个主题在未来5年增长的速率也是不同的。图6.22趋势预测图中并没有给我们提供各主题的增长速度的具体信息，故而我们无法对这九个主题进行相互之间的比较分析，因此本节在此进一步计算各主题的增长速率以实现各主题的相互比较，具体步骤包括：首先在Matlab软件的workspace窗口查询各主题未来2019—2023年各年的预测数值；进而以图中序列49所对应的2018年为基准来计算2018—2023年间各主题的增长率，具体公式如下：

$$s_i = \frac{\max_j t_j^i - t_{2018}^i}{t_{2018}^i} \qquad i=1，2，3，\cdots，9$$

其中i（1，2，3，…，14）分别代表了建筑节能领域的这14个主题；S_i为主题i的增长速率；$\max_j t_j^i$表示预测年份中的最高预测值，其中j=2019，2020，…，2023；t_{2018}^i为2009年第i个主题的出现频次。

根据上述公式可计算出建筑节能领域各知识主题在未来5年的趋势增长率，具体如图6.23所示，其中增长率最高的为相变材料的热性能主题，表明针对新型相变材料的开发、实验、检测和在建筑中的应用仍是未来关注的焦点，是被动式建筑研究的核心；其次为能耗预测主题，该主题关键词集包含了机器学习、智能建筑、能耗管理系统等与当下的计算机信息技术息息相关的关键词，而人工智能在未来10年仍然是人类社会科技发展的前沿，因此依托于大数据、机器学习及人工智能等计算机技术而发展的能耗预测主题亦是建筑节能领域未来发展的前沿。增长率位居第三、四位的是全寿命周期评估和全寿命周期费用主题，在全球资源枯竭及环境日益恶化的形势下，针对建筑全寿命周期的能耗、环境和费用评估仍是当下和今后的研究热点；排在第五位的是墙体保温厚度研究，在建筑节能改造中外墙保温仍是改造的重点，而市场上存量住房仍是占比最高的建筑类型，尤其对于欧美等建设速度较慢的国家，因此针对存量住房的节能改造使得墙体保温厚度主题研究成为建筑节能发展进程中所必须关注的一个焦点；其他主题相较这五个主题虽增长率较低，但仍处于主题研究的增长阶段，只是相对来说增长较缓，这些主题如建筑节能

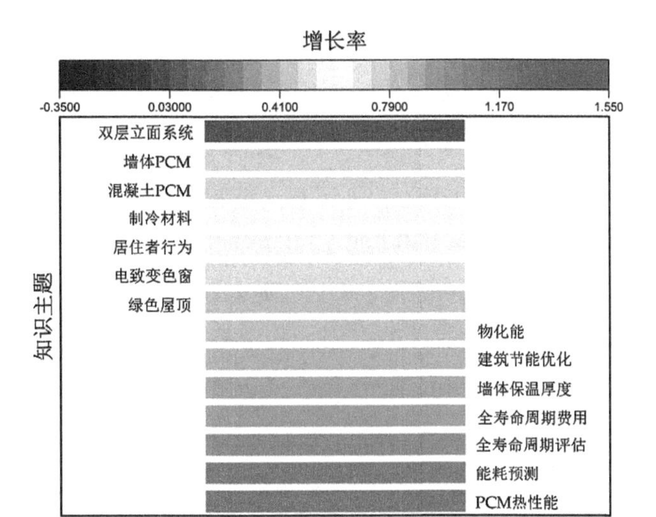

图6.23　领域各知识主题趋势增长率图

优化、物化能、绿色屋顶等也都属于建筑节能研究的重要组成部分，同样也会在未来得到进一步发展。

6.4 小结

知识发展趋势的探索一直是学者关注的重点，当前关于知识趋势的研究以基于关键词的分析为主流，包括了词频分析法和共词分析法。其中词频分析法是通过统计关键词在文章中历年出现的次数分布来判断未来走势；共词分析法则是依据关键词之间的共现关系来构建共词网络，通过网络在不同时段的演化来主观判断领域的发展。这两种方法都存在一定问题，词频分析仅依据单个关键词并不能反映某一知识主题的发展，如仅使用关键词“thermal properties”则不能代表包含“thermal performance”在内的完整反映热性能主题的研究；而共词网络分析法虽然能探寻关键词之间的主题联系，但却无法量化预测未来的发展趋势。因此本书提出了建筑节能领域的趋势预测模型，在共词网络的基础上开发了提取主题关键词集的关联强度指标，并在指标计算的基础上提取了建筑节能领域各知识主题的关键词集，进而统计主题关键词集的出现频次，最后利用神经网络方法预测了建筑节能领域各知识域中各主题的未来发展趋势。

在基于共词网络进行知识主题关键词集的提取时，首先需要进行关键词的清洗，包括不同关键词术语变体的合并、同义关键词术语的合并以及清除一般性无意义的关键词术语，最终得到标准关键词集。将词集导入Vosviewer软件可计算得到建筑节能领域的共词网络，其中关键词energy simulation、phase change material、thermal comfort、renewable energy、thermal energy storage、energy retrofit、heat pump、optimization、residential building、solar energy是建筑节能领域出现频次最高的热门关键词。从关键词的平均出现年份来看，表6.2中所给的前20个关键词是目前建筑节能领域中的新兴前沿关键词，其中有11个关键词（demand response、smart grid、microgrid、machine learning、building information model、smart building、internet of things、smart meter、data mining、smart home、smart city）都与现代计算机信息技术紧密相连，说明未来建筑节能的前沿在于智能化信息技术在建筑节能中的应用。

在建筑节能领域知识主题关键词集的提取中，首先指出提取关键词集的标准在于寻找与主题中心关键词密切相连的其他相关关键词。其次介绍了学者刘自强在其文章中所给出的提取关键词集的思路，并说明了该文提取关键词集中所存在的不足。针对这一不足，本书给出了提取相关关键词的关联强度指标，进而利用该指标计算并提取了建筑节能领域14个知识主题的关键词集。据此，在建筑节能领域各知识主题的文本数据中统计主题关键词集中关键词从1970—2018年历年出现的次数，其次利用神经网络方法进行预测。由于主题簇数据为时间序列数据，因此神经网络构建的基本逻辑为由前三年的数据预测第四份的数据。在此采用LM-BP神经网络进行数据的训练，最终得到了这14个主题簇的趋势预测图。其中仅有双层立面系统主题呈波动平缓状态，其余13个主题在未来仍处于上升趋势。从这14个主题未来5年的趋势增长率来看，相变材料热性能主题的增长率最高，表明相变材料是未来关注的重点；其次为能耗预测主题，该主题词集与当下的计算机信息技术息息相关，是建筑节能领域未来发展的前沿；再次为全寿命周期评估主题和全寿命周期费用主题，在一次性能源日益枯竭的形势下，对于建筑全寿命周期的环境影响评估、费用分析仍是全球关注的重点。此后主题发展趋势的排序为墙体保温厚度研究、建筑节能优化研究、物化能研究、绿色屋顶研究、电致变色窗研究、居住者行为研究、制冷材料研究、混凝土PCM研究、墙体PCM研究和双层立面系统研究。最终本章节所形成的知识主题词集及趋势结果如图6.24所示，颜色越深，表明该知识主题未来五年的发展趋势越快。

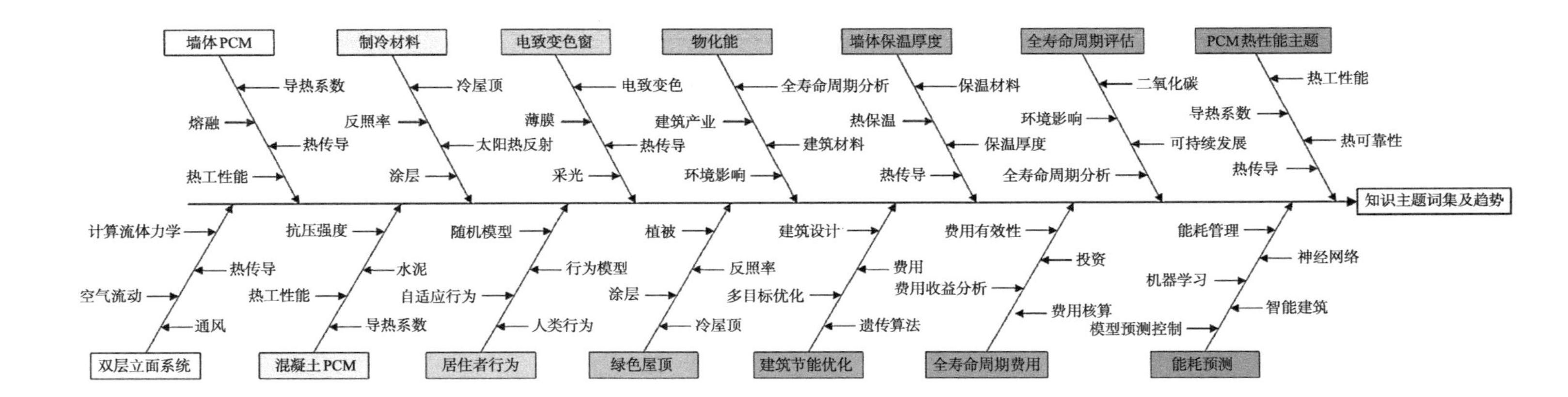

图 6.24　建筑节能领域知识主题词集及趋势发展

7

结论及未来研究展望

7.1 研究结论

知识是推动人类进步的源泉，出版物是知识的载体，通过对出版文献的研究就能了解知识的发展状况。目前科学出版物正在以指数速度增长，平均每30秒就发布一篇新文章。领域信息的迅速增长和复杂化对于单个科学家来说都显得过于庞大而难以及时掌握。建筑节能领域亦如此，当下该领域的文献数量已接近3万篇，仅依靠学者对领域的认知来构建领域发展的知识体系就显得尤为困难，更何况建筑节能本身也属于跨学科的综合研究，各细分方向的学者也难以掌握建筑节能整个领域的知识架构。此时就需要从文献数据挖掘这一新视角来客观构建建筑节能领域的知识体系。科学计量学这一以文献为研究对象的方法，恰好能够帮助我们解决建筑节能领域知识体系的建构问题。目前建筑节能领域还没有学者从文献挖掘的角度来系统构建领域发展的知识体系。为了完善这一研究方向，本文在武汉大学邱均平教授团队所确立的学科知识网络理论的基础上，结合建筑节能领域的学科特点，辅以科学计量学方法，构建了建筑节能领域以知识结构的划分、知识路径的识别和知识趋势的预测为内容的新型知识体系框架，实现了从宏观知识域、中观知识主题、微观知识关键词三个维度来对建筑节能领域知识体系的系统和定量化地挖掘。本书的主要结论如下：

（1）在对文献数据的基础分析中，发现建筑节能领域经历了出现（1970—1990年）、发酵（1991—2005年）和腾飞（2006—2018年）三个阶段的发展，且2010年至今一直呈高速发展状态；中国和美国是发文数量最多的国家，且中国—美国—英国之间的合作最为紧密；加州伯克利分校、香港理工大学、清华大学和香港城市大学是领域中的高影响力机构，且加州伯克利分校更是处于机构合作网络的绝对核心位置；Energy and Building是建筑节能领域的第一期刊，发文量远高于之后的Applied Energy和Building and Environment；来自西班牙的学者Cabeza Luisa f.的发文数量位居第一，来自希腊的学者Santamouris Mattheos的被引频次位居第一。从H指数看，学者Santamouris Mattheos、Cabeza Luisa f.与来自香港城市大学的学者Lam Joseph C、Li Danny. H. W.是领域内最具影响力的学者。跨国合作是建筑节能领域作者合作的主要形式，来自美国劳伦斯国家实验室的洪天真博士、来自清华大学的燕达教授、来自意大利的Pisello anna laura教授、来自加拿大的Haghighat fariborz教授、来自西班牙的Cabeza luisa f.教授和来自英国赫尔大学的赵旭东教授是作者合作网络中的核心学者。

（2）在基于共被引网络的知识结构划分中，由于共被引网络的研究对象为引文（参考文献），可以发现1970年学者Fanger P.O.出版的《*Thermal comfort：analysis and application in environmental engineering*》是被引最早的历史文献。西班牙学者Perez-Lombard L所发表的文章A review on buildings energy consumption information是建筑节能领域中被引最高的参考文献，截至2019年6月在WOS中被引了2188次，其次为文献[162]、[163]、[164]、[165]、[166]，这5篇参考文献的被引频次位居前列。利用Vosviewer软件进行领域共被引网络的聚类划分，可将其划分为5个大的聚类，通过网络属性及被引频次提取关键文献，并在定性分析关键词文献的基础上识别出这五个聚类的研究知识域分别为：建筑能效知识域、相变材料知识域、全寿命周期知识域、建筑围护结构知识域和城市热岛知识域。

（3）在基于直接引文网络的领域知识路径划分中，首先提出了构建直接引文网络的方法，开发了计算直接引用矩阵的算法，这是知识路径分析的基础。在利用本文所提方法得到建筑节能领域的知识网络后，可知文章[164]、[165]、[175]是领域内被引最高的article类型文章，文章[204]、[205]、[206]是处于网络核心位置，联系整个引文网络的关键文章。利用主路径分析进行建筑节能全领域的知识发展路径的挖掘，可知建筑节能全领域包含了6条关键的分支路径，分别为全寿命周期知识路径、相变材料知识路径、墙体保温隔热厚度路径、居住者行为路径、建筑能耗预测路径、建筑节能优化路径。通过对建筑节能各知识域文献展开主路径分析，可以得到各知识域下的不同知识路径。这些知识路径展示了知识域下细分的知识主题。具体来说，建筑能效知识域包含了居住者行为、能耗预测、建筑节能优化三大主题；相变材料知识域包含了相变材料热性能、墙体相变材料、混凝土相变材料三大主题；全寿命周期知识域包含了全寿命周期评估、全寿命周期费用、物化能研究三大主题；建筑围护结构知识域包含了墙体保温厚度、电致变色窗户、双层立面系统三大主题；城市热岛知识域包含了绿色屋顶和制冷材料两大主题。

（4）在建筑节能领域知识发展趋势的预测中，首先介绍了建筑节能领域趋势预测模型的设计背景与流程。其次展开了建筑节能领域的共词网络分析，可知energy simulation、phase change material、thermal comfort、renewable energy、thermal energy storage、energy retrofit、heat pump、optimization、residential building、solar energy是建筑节能领域出现频次最高的热门关键词。关键词demand response、smart grid、microgrid、machine learning、building information model、smart building、internet of things、smart meter、data mining、smart home、smart city是与现代计算机信息技术紧密相连的新兴关键词。利用本书所提出的关联强度指标，可提取与建筑节能领域各知识主题紧密相连的关键词集，形成了知识主题下更细分的知识单元关键词的提取。进而在对主题关键词集历年出现频次统计的基础上，利用LM-BP神经网络方法对建筑节能各知识主题展开预测，可知相变材料热性能主题是未来发展趋势最快的主题，其次为能耗预测主题，该主题与当下的计算机信息技术息息相关，再次为全寿命周期主题，此后依次为全寿命周期费用主题、墙体保温材料主题、建筑节能优化主题、物化能主题、绿色屋顶主题、电致变色窗主题、居住者行为主题、制冷材料主题、混凝土PCM主题、墙体PCM主题和双层立面系统主题。

最终，在本书所建构的建筑节能领域知识体系的框架下，利用科学计量学方法对领域文献展开深入挖掘，形成了如图7.1所示的建筑节能领域的知识体系。基于文献数据的分析与挖掘，实现了建筑节能领域知识体系的定量化构建。其中知识体系建构的框架不仅适用于建筑节能领域，同样也适用于其他具有海量文献且跨学科属性明显、难以依靠学者定性掌握的研究领域。而本书所提出的直接引文网络的构建方法，因其解决的是主路径分析方法中普遍存在的问题，故而可应用于任何想要探索领域知识发展路径的研究中，具有方法应用的普适性。针对本书所提出的知识发展趋势的预测方法，由于其是针对建筑节能领域所特有的现象所提出的，且中间环节需要利用该领域的专业知识加以判断，故非适用于其他领域，需甄别判断适用条件。总之，本研究可为建筑节能领域的学者提供领域知识发展的全貌信息，也可适当为其他领域定量化知识体系的建构提供有益参考。

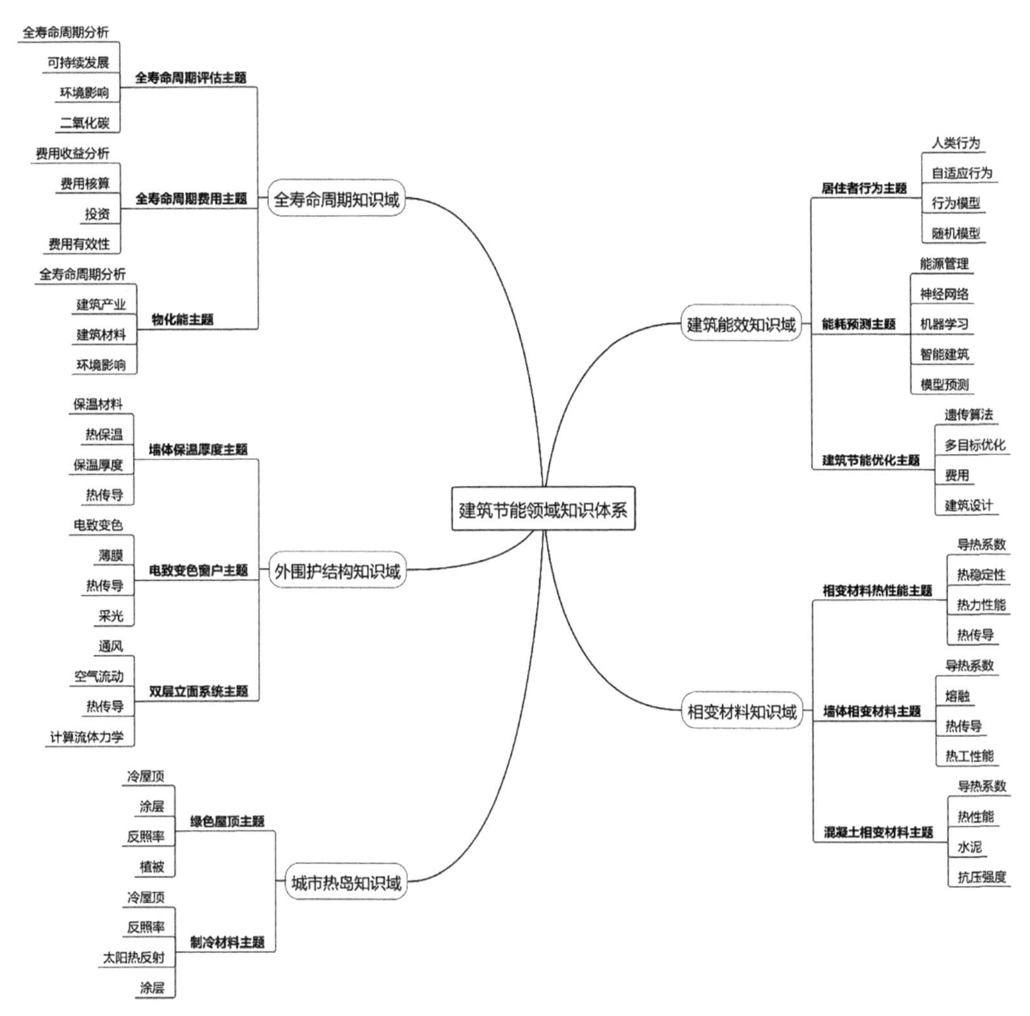

图 7.1　建筑节能领域的知识体系图

7.2 研究展望

在互联网的发展下，各行各业都处于信息爆炸的时代，而每个人的精力却非常有限，很多时候面对繁杂的信息不知如何选择，因此当下出现了很多知识服务行业。科学研究亦如此，每个领域都在快速发展，出版物正在以指数速度增长，学者几乎是被知识的洪流裹挟着往前走。在整个社会这样的一个信息增速下，人类最需要的就是整理、分类、挖掘和发现重要信息的技术的发展。这种技术能够帮助和引领人类快速获取有价值的信息，减少在无效信息上浪费的时间。所以为学者提供知识服务是本书进一步研究和实践的初衷。基于此，未来研究的框架如图7.2所示，即在建立建筑节能领域科研知识数据库的大规划下，从利用内容分析法探索“三段式”文献检索知识库、创建领域知识可视化平台、撰写领域科研知识年度报告三个方面展开，最终形成建筑节能领域的知识库网站。

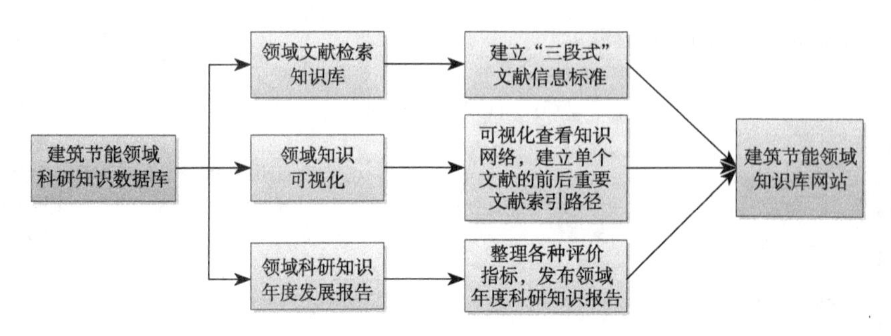

图 7.2　未来建筑节能领域知识库网站设计

尤金·加菲尔德建立了全领域的科学引文索引数据库，也推动了科学计量学的发展，使得科学计量学至今仍是科学学及图书情报学科里的热门研究。因此本书基于科学计量和建筑节能所做的跨学科研究，既能使科学计量方法得到推广、应用和改进，又能使建筑节能领域的学者从文献角度来对该领域的知识体系有个新的认知。未来研究中若能建成建筑节能领域的知识库网站，则可为全世界建筑节能领域的学者提供一个知识搜索平台，帮助他们更快速地获取有用的知识信息。著名学者谈家桢曾说过“科学知识的积累是科学发展的必要前提，至于最后由谁来总其大成，也许带有偶然的、幸运的色彩”。在当下信息化的社会，由哪位学者总理论之大成，得理论之推陈出新，或未可知，但知识积累之总其大成，知识数据库的建立或是一个有效的手段。

附录A 国家发文数量及引用分布

排序	国家	发文数量	WOS引用频次
1	Peoples R China	5877	84433
2	USA	5031	98914
3	UK	3020	50235
4	Italy	2009	30760
5	Spain	1554	22618
6	Canada	1243	23141
7	Germany	995	18259
8	South Korea	986	13000
9	Australia	966	19518
10	France	911	15828
11	Sweden	810	15904
12	Japan	775	14531
13	India	753	13231
14	Turkey	725	12589
15	Netherlands	653	12624
16	Switzerland	624	12434
17	Greece	623	17661
18	Denmark	555	10597
19	Portugal	504	6292
20	Iran	463	4706
21	Belgium	448	8626
22	Singapore	429	8727
23	Malaysia	422	7661
24	Finland	407	5432
25	Brazil	373	4288
26	Norway	347	7045

续表

排序	国家	发文数量	WOS引用频次
27	Saudi Arabia	315	5591
28	Austria	313	5665
29	Poland	296	2702
30	Ireland	273	5272
31	Serbia	192	1575
32	Egypt	177	2046
33	Pakistan	156	1120
34	Slovenia	155	2082
35	Thailand	155	2079
36	South Africa	154	1741
37	Mexico	146	1113
38	Romania	145	1658
39	Czech Republic	142	1834
40	U Arab Emirates	140	1624
41	New Zealand	139	2661
42	Chile	138	739
43	Hungary	123	1164
44	Israel	116	2312
45	Lithuania	116	1494
46	Algeria	91	644
47	Croatia	91	1472
48	Cyprus	90	2643
49	Argentina	84	864
50	Kuwait	80	1179
51	Qatar	77	888
52	Estonia	75	861
53	Russia	73	430
54	Jordan	70	767
55	Tunisia	68	858
56	Indonesia	61	618
57	Lebanon	61	808
58	Morocco	59	437

注：本表列出了各国有关建筑节能领域文献发文篇数在50篇以上的国家。

附录B　机构发文数量及引用分布

排序	机构	发文数量	WOS引用频次
1	Hong Kong Polytech Univ	533	10403
2	Tsinghua Univ	443	8839
3	Univ Calif Berkeley	433	12381
4	Chinese Acad Sci	367	7051
5	City Univ Hong Kong	360	8486
6	Tianjin Univ	255	3231
7	Natl Univ Singapore	244	4507
8	Tech Univ Denmark	241	4930
9	Univ Nottingham	241	3271
10	UCL	232	2945
11	Univ Cambridge	225	5266
12	Politecn Torino	217	3969
13	Concordia Univ	216	5212
14	Lawrence Berkeley Natl Lab	215	3087
15	Aalto Univ	206	3066
16	Chongqing Univ	200	2162
17	Tongji Univ	200	2531
18	Delft Univ Technol	198	3849
19	Shanghai Jiao Tong Univ	197	3925
20	Univ Colorado	190	2741
21	Politecn Milan	179	2522
22	Univ Lleida	175	4675
23	Univ Malaya	164	3600
24	Univ Seville	164	1220
25	Aalborg Univ	162	2603
26	MIT	162	3995
27	Univ Perugia	160	2640

续表

排序	机构	发文数量	WOS引用频次
28	Eindhoven Univ Technol	156	2808
29	Southeast Univ	155	1475
30	Purdue Univ	152	2930
31	Hunan Univ	148	1916
32	Yonsei Univ	147	2198
33	Harbin Inst Technol	145	1647
34	Katholieke Univ Leuven	145	2582
35	Nanyang Technol Univ	143	2592
36	Huazhong Univ Sci & Technol	140	2006
37	Georgia Inst Technol	139	3359
38	Univ Sci & Technol China	131	1741
39	Texas A&M Univ	128	1605
40	Univ Chinese Acad Sci	128	1131
41	Cardiff Univ	127	2117
42	Norwegian Univ Sci & Technol	127	2676
43	Ecole Polytech Fed Lausanne	125	2652
44	Natl Tech Univ Athens	123	2023
45	Arizona State Univ	121	1433
46	Kyung Hee Univ	121	1551
47	Swiss Fed Inst Technol	120	1792
48	Univ Tokyo	118	1782
49	Univ Hong Kong	115	2065
50	Aristotle Univ Thessaloniki	114	2190
51	KTH Royal Inst Technol	114	875
52	Univ Reading	113	1423
53	Univ Oxford	109	2151
54	Indian Inst Technol	106	2514
55	Lund Univ	106	2426
56	Univ Sheffield	105	1397
57	Natl Renewable Energy Lab	103	3395
58	Univ Palermo	103	2018
59	Univ Strathclyde	103	3123

续表

排序	机构	发文数量	WOS引用频次
60	Univ Texas Austin	102	1880
61	Univ Athens	101	4517
62	Univ Lisbon	101	742
63	Univ Michigan	101	3827
64	Univ Naples Federico II	101	1701
65	Zhejiang Univ	101	1228
66	Univ Padua	100	1498
67	Xi An Jiao Tong Univ	100	1244

注：本表列出了有关建筑节能领域文献发文篇数在100篇以上的科研机构及大学。

附录C　期刊发文数量及引用分布

排序	机构	发文数量	WOS引用频次
1	ENERGY AND BUILDINGS	4958	105546
2	APPLIED ENERGY	1717	37589
3	BUILDING AND ENVIRONMENT	1441	34494
4	ENERGY	1114	17907
5	RENEWABLE & SUSTAINABLE ENERGY REVIEWS	952	31136
6	ENERGY POLICY	858	17743
7	RENEWABLE ENERGY	818	12056
8	ENERGIES	792	2642
9	SOLAR ENERGY	721	18278
10	ENERGY CONVERSION AND MANAGEMENT	677	15072
11	APPLIED THERMAL ENGINEERING	635	9924
12	JOURNAL OF CLEANER PRODUCTION	628	4798
13	SUSTAINABILITY	583	1614
14	SUSTAINABLE CITIES AND SOCIETY	413	2327
15	BUILDING RESEARCH AND INFORMATION	336	5883
16	BUILDING SIMULATION	250	1476
17	ENERGY EFFICIENCY	247	1809
18	JOURNAL OF GREEN BUILDING	217	437
19	INDOOR AND BUILT ENVIRONMENT	210	1183
20	SOLAR ENERGY MATERIALS AND SOLAR CELLS	207	7246
21	JOURNAL OF BUILDING PERFORMANCE SIMULATION	200	1714
22	BUILDING SERVICES ENGINEERING RESEARCH & TECHNOLOGY	182	727
23	CONSTRUCTION AND BUILDING MATERIALS	173	2297
24	JOURNAL OF SOLAR ENERGY ENGINEERING-TRANSACTIONS OF THE ASME	172	1592

续表

排序	机构	发文数量	WOS引用频次
25	ENERGY RESEARCH & SOCIAL SCIENCE	171	591
26	INTERNATIONAL JOURNAL OF ENERGY RESEARCH	147	1725
27	SCIENCE AND TECHNOLOGY FOR THE BUILT ENVIRONMENT	140	281
28	JOURNAL OF MATERIALS CHEMISTRY A	137	2180
29	AUTOMATION IN CONSTRUCTION	133	2147
30	JOURNAL OF BUILDING ENGINEERING	118	180
31	HVAC&R RESEARCH	115	1555
32	INTERNATIONAL JOURNAL OF REFRIGERATION-REVUE INTERNATIONALE DU FROID	112	1619
33	THERMAL SCIENCE	112	145
34	IEEE TRANSACTIONS ON SMART GRID	107	3544
35	ACS APPLIED MATERIALS & INTERFACES	105	1567
36	ASHRAE JOURNAL	103	348
37	JOURNAL OF RENEWABLE AND SUSTAINABLE ENERGY	101	220
38	JOURNAL OF BUILDING PHYSICS	100	679
39	ARCHITECTURAL SCIENCE REVIEW	99	624
40	INTERNATIONAL JOURNAL OF VENTILATION	96	238
41	IEEE ACCESS	88	195
42	ENERGY ECONOMICS	82	1455
43	APPLIED SCIENCES-BASEL	81	89
44	RESOURCES CONSERVATION AND RECYCLING	76	945
45	INTERNATIONAL JOURNAL OF LIFE CYCLE ASSESSMENT	73	1641
46	ENERGY FOR SUSTAINABLE DEVELOPMENT	72	483
47	SCIENCE OF THE TOTAL ENVIRONMENT	72	510
48	PROGRESS IN PHOTOVOLTAICS	67	1007
49	SCIENTIFIC REPORTS	66	1049
50	INTERNATIONAL JOURNAL OF HYDROGEN ENERGY	64	1607
51	INTERNATIONAL JOURNAL OF LOW-CARBON TECHNOLOGIES	63	66

续表

排序	机构	发文数量	WOS引用频次
52	ASHRAE JOURNAL-AMERICAN SOCIETY OF HEATING REFRIGERATING AND AIR-CONDITIONING ENGINEERS	62	36
53	JOURNAL OF ASIAN ARCHITECTURE AND BUILDING ENGINEERING	62	125
54	INTERNATIONAL JOURNAL OF HEAT AND MASS TRANSFER	61	1602
55	ACS NANO	56	4743
56	JOURNAL OF MATERIALS CHEMISTRY C	56	461
57	CHEMISTRY OF MATERIALS	55	2130
58	JOURNAL OF POWER SOURCES	55	1335
59	JOURNAL OF PHYSICAL CHEMISTRY C	54	4572
60	ADVANCED MATERIALS	52	4303
61	ENVIRONMENTAL RESEARCH LETTERS	51	441
62	ENVIRONMENTAL SCIENCE & TECHNOLOGY	51	1201
63	PROCEEDINGS OF THE INSTITUTION OF CIVIL ENGINEERS-ENGINEERING SUSTAINABILITY	51	212

注：本表列出了有关建筑节能领域文献发文篇数在50篇以上的期刊。

附录D　作者发文篇数及引用分布

序号	作者	发文篇数	本地引用频次	平均发表年份
1	cabeza，luisa f.	115	2664	2015.28
2	wang，shengwei	84	1785	2013.26
3	hong，tianzhen	80	1425	2016.16
4	kim，jeong tai	59	899	2013.07
5	krarti，moncef	59	853	2014.22
6	pisello，anna laura	58	1009	2015.83
7	wang，r. z.	53	1566	2012.75
8	cotana，franco	51	835	2015.71
9	haghighat，fariborz	51	1468	2014.18
10	yan，da	51	934	2015.88
11	yang，hongxing	46	1089	2014.57
12	de gracia，alvaro	45	712	2015.93
13	sun，yongjun	44	497	1969.34
14	ascione，fabrizio	42	913	2015.33
15	siren，kai	42	796	2015.31
16	xiao，fu	42	868	2014.45
17	li，xianting	40	322	2015.83
18	ma，zhenjun	40	1090	2014.08
19	beausoleil-morrison，ian	38	621	2013.71
20	xu，peng	38	510	2015.79
21	zhao，xudong	38	622	2016.16
22	barreneche，camila	37	574	2015.46
23	carmeliet，jan	37	696	2015.24
24	o’brien，william	37	685	2016.27
25	huang，gongsheng	36	233	1959.89
26	kurnitski，jarek	36	523	2015.22
27	augenbroe，godfried	35	265	2015.80

续表

序号	作者	发文篇数	本地引用频次	平均发表年份
28	fang，guiyin	35	947	2014.60
29	hepbasli，arif	35	1158	2010.37
30	jiang，yi	35	710	2013.09
31	ji，jie	34	386	2015.56
32	lam，joseph c.	34	1416	2010.94
33	vanoli，giuseppe peter	34	819	2015.62
34	wang，wei	34	255	2017.32
35	yao，runming	34	482	2014.56
36	de carli，michele	33	610	2013.91
37	mueller，dirk	33	203	2016.94
38	wang，xin	33	772	2014.15
39	zhang，xiaosong	33	457	2015.67
40	li，baizhan	32	491	2014.38
41	lu，lin	32	654	2014.47
42	liu，jiaping	31	168	2015.81
43	becerik-gerber，burcin	30	628	2015.77
44	dincer，ibrahim	30	598	2013.57
45	li，danny h. w.	30	1123	2011.73
46	zhu，neng	30	341	2014.10
47	heiselberg，per	29	532	2015.41
48	taylor，john e.	29	797	2014.38
49	tian，wei	29	618	2013.93
50	xu，xinhua	29	375	2014.14
51	akbari，hashem	28	765	2014.00
52	castell，albert	28	812	2014.04
53	fabrizio，enrico	27	577	2013.52
54	feng，wei	27	229	2016.00
55	ooka，ryozo	27	451	2014.37
56	papadopoulos，agis m.	27	461	2014.59
57	shi，wenxing	27	319	2015.63
58	zuo，jian	27	538	2015.70
59	asdrubali，francesco	26	402	2015.69

续表

序号	作者	发文篇数	本地引用频次	平均发表年份
60	bianco，nicola	26	615	2015.77
61	hensen，jan l. m.	26	776	2014.58
62	kuznik，frederic	26	1238	2013.77
63	yang，liu	26	916	2012.73
64	zarrella，angelo	26	466	2014.77
65	zhang，yinping	26	1092	2012.73
66	dong，bing	25	426	2015.16
67	yun，geun young	25	577	2012.80
68	wu，yupeng	24	107	2017.58
69	yoshino，hiroshi	24	941	2012.00
70	zhai，x. q.	24	671	2011.71
71	zhang，qiang	24	766	2016.08
72	zhang，tao	24	325	2015.38
73	chen，jiayu	23	176	2016.91
74	chen，xi	23	318	2016.61
75	cuce，erdem	23	462	2015.91
76	korjenic，azra	23	390	2013.52
77	olesen，bjarne w.	23	681	2013.70
78	su，yuehong	23	209	2016.26
79	wu，wei	23	323	2015.26
80	zhai，zhiqiang（john）	23	566	2014.09
81	zhang，guoqiang	23	293	2014.22
82	zhang，xiaoling	23	349	2015.91
83	zhang，yu	23	184	2016.26
84	gasparella，andrea	22	279	1923.41
85	jokisalo，juha	22	388	2014.41
86	li，nan	22	381	2015.82
87	lin，borong	22	164	2016.14
88	orehounig，kristina	22	346	2016.09
89	virgone，joseph	22	934	2012.09
90	wan，kevin k. w.	22	821	2010.36
91	yan，chengchu	22	462	2015.32

续表

序号	作者	发文篇数	本地引用频次	平均发表年份
92	zhang，zhengguo	22	463	2016.00
93	athienitis，andreas k.	21	616	2013.90
94	berardi，umberto	21	637	2016.10
95	de masi，rosa francesca	21	392	2015.71
96	gunay，h. burak	21	459	2016.19
97	hasan，ala	21	616	2014.67
98	jin，xing	21	254	2016.19
99	kalamees，targo	21	512	2013.95
100	li，hui	21	450	2014.19
101	li，nianping	21	286	2014.62
102	pan，wei	21	178	2015.86
103	peng，jinqing	21	213	2016.38
104	santamouris，mattheos	21	287	2016.76
105	serra，valentina	21	282	2015.38
106	zhang，lei	21	281	2015.95
107	zhang，wei	21	308	2016.62
108	zhu，na	21	412	2014.57
109	cao，sunliang	20	213	2015.90
110	corrado，vincenzo	20	487	2013.65
111	de wilde，pieter	20	524	2014.15
112	mahdavi，ardeshir	20	311	2014.25
113	o'neill，zheng	20	395	2015.30
114	riffat，saffa	20	281	2016.20
115	riffat，saffa b.	20	748	2013.85
116	tzempelikos，athanasios	20	359	2015.45
117	ugursal，v. ismet	20	917	2013.15
118	wang，baolong	20	233	2016.00
119	ye，hong	20	288	2014.80
120	zhou，xin	20	131	2016.70

注：本表列出了有关建筑节能领域文献发文篇数在20篇以上的作者详细信息。

附录E　合作网络中的作者信息列表

聚类	作者姓名	机构	国家
1	xu peng	Tongji Univ	China
1	ji jie	Univ Sci & Technol China	China
1	wang wei; zhang wei	Sichuan Univ	China
1	dong bing	Univ Texas San Antonio	USA
1	o'neill zheng	Univ Alabama	USA
1	wu yupeng; cuce erdem; su yuehong; riffat saffa	Univ Nottingham	England
1	zhao xudong	Univ Hull	England
2	krarti moncef; zhai zhiqiang(john)	Univ Colorado	USA
2	tzempelikos athanasios	Purdue Univ	USA
2	siren kai; jokisalo juha; cao sunliang	Aalto Univ	Finland
2	kurnitski jarek	Helsinki Univ Technol	Finland
2	hasan ala	Tech Res Ctr Finland VTT	Finland
2	hensen jan l. m.	Eindhoven Univ Technol	Netherlands
2	gasparella andrea	Free Univ Bozen Bolzano	Italy
2	kalamees targo	Tallinn Univ Technol	Estonia
3	hong tianzhen	Lawrence Berkeley Natl Lab	USA
3	yan da; jiang yi; zhang tao; lin borong	Tsinghua Univ	China
3	zhang xiaosong; jin xing; zhou xin	Southeast Univ	China
3	fang guiyin; li hui	Nanjing Univ	China
4	haghighat fariborz; akbari hashem	Concordia Univ	Canada
4	berardi umberto	Ryerson Univ	Canada
4	yang hongxing; lu lin; chen xi	Hong Kong Polytech Univ	China
4	zhang guoqiang; zhang guoqiang; li nianping; peng jinqing	Hunan Univ	China
4	yoshino hiroshi	Tohoku Univ	Japan

续表

聚类	作者姓名	机构	国家
5	wang shengwei; xiao fu; ma zhenjun; yan chengchu	Hong Kong Polytech Univ	China
	sun yongjun; huang gongsheng	City Univ Hong Kong	
	xu xinhua; zhu na	Huazhong Univ Sci & Technol	
	zhang zhengguo	South China Univ Technol	
	ye hong	Univ Sci & Technol China	
6	wang xin; zhang yinping	Tsinghua Univ	China
	zhang yu; zhang lei	South China Univ Technol	
	zhu neng; zhang qiang	Tianjin Univ	
	zhang xiaoling	City Univ Hong Kong	
	heiselberg per	Aalborg Univ	Denmark
	feng wei	Lawrence Berkeley Natl Lab	USA
7	beausoleil-morrison ian; o'brien william; athienitis andreas k.; gunay h. burak	Carleton Univ	Canada
	ugursal v. ismet	Dalhousie Univ	
	carmeliet jan; orehounig kristina	Swiss Fed Inst Technol	Switzerland
	mahdavi ardeshir	Vienna Univ Technol	Austria
8	kim jeong tai; yun geun young	Kyung Hee Univ	South Korea
	ooka ryozo	Univ Tokyo	Japan
	de carli michele; zarrella angelo	Univ Padua	Italy
	olesen bjarne w.	Tech Univ Denmark	Denmark
	mueller dirk	Rhein Westfal TH Aachen	Germany
9	li baizhan; li nan	Chongqing Univ	China
	becerik-gerber burcin	Univ Southern Calif	USA
	dincer ibrahim	Univ Ontario	Canada
	hepbasli arif	Ege Univ	Turkey
	yao runming	Univ Reading	England
10	ascione fabrizio; bianco nicola; de masi rosa francesca	Univ Naples Federico Ⅱ	Italy
	vanoli giuseppe peter	Univ Sannio	
	papadopoulos agis m.	Aristotle Univ Thessaloniki	Greece
	santamouris mattheos	Univ Athens	

续表

聚类	作者姓名	机构	国家
11	tian wei	Tianjin Univ Sci & Technol	China
	pan wei	Univ Hong Kong	
	augenbroe godfried	Georgia Inst Technol	USA
	zuo jian	Univ S Australia	Australia
	de wilde pieter	Univ Plymouth	England
12	lam joseph c.; li danny h. w.; wan kevin k. w.	City Univ Hong Kong	China
	liu jiaping; yang liu	Xian Univ Architecture & Technol	
13	pisello anna laura; cotana franco; asdrubali francesco	Univ Perugia	Italy
	taylor john e.	Georgia Inst Technol	USA
	chen jiayu	City Univ Hong Kong	China
14	serra valentina; corrado vincenzo	Politecn Torino	Italy
	fabrizio enrico	Univ Turin	
	kuznik frederic; virgone joseph	Univ Lyon	France
15	li xianting; shi wenxing; wu wei; wang baolong	Tsinghua Univ	China
	korjenic azra	Vienna Univ Technol	Austria
16	cabeza luisa f.; de gracia alvaro; barreneche camila; castell albert	Univ Lleida	Spain
17	wang r. z.; zhai x. q.	Shanghai Jiao Tong Univ	China

附录F　建筑节能各知识域文献列表

（1）建筑能效知识域文献列表

作者（年份）	标题	关键词	DOI
Perez-Lombard L, 2008	A review on buildings energy consumption information	building energy use; HVAC consumption; air conditioning consumption	10.1016/j.enbuild. 2007.03.007
Crawley DB, 2001	EnergyPlus: creating a new-generation building energy simulation program	Computer simulation; computer software; energy management	10.1016/s0378-7788 (00)00114-6
Crawley DB, 2008	Contrasting the capabilities of building energy performance simulation programs	air condition; renewable energy; daylighting; ventilation; electricity; heating	10.1016/j.buildenv. 2006.10.027
Swan LG, 2009	Modeling of end-use energy consumption in the residential sector: A review of modeling techniques	Energy model; residential energy consumption; bottom up approach	10.1016/j.rser. 2008.09.033
Zhao HX, 2012	A review on the prediction of building energy consumption	Prediction; Building; Energy consumption; Engineering methods; Statistical models; Artificial intelligence	10.1016/j.rser. 2012.02.049
Hoes P, 2009	User behavior in whole building simulation	User behavior; Building simulation; Performance indicator; Guideline; Robustness	10.1016/j.enbuild. 2008.09.008

（2）相变材料知识域文献列表

作者（年份）	标题	关键词	DOI
zalba b，2003	Review on thermal energy storage with phase change: materials，heat transfer analysis and applications	Heat transfer; Latent thermal energy storage; LTESPCM; Phase change materials	10.1016/s1359-4311 (02)00192-8

续表

作者（年份）	标题	关键词	DOI
Khudhair AM，2004	A review on energy conservation in building applications with thermal storage by latent heat using phase change materials	Concrete；Encapsulation；Latent heat；PCM；Under floor heating；Wallboards	10.1016/s0196-8904（03）00131-6
TyagiVV，2007	PCM thermal storage in buildings:A state of art	Building；Cooling；Heating；Phase change materials；Solar energy	10.1016/j.rser.2005.10.002
Sharma A，2009	Review on thermal energy storage with phase change materials and applications	Latent heat；Melt fraction；Phase change material；Solar energy；Thermal energy storage systems	10.1016/j.rser.2007.10.005
Baetens R，2010	Phase change materials for building applications: A state-of-the-art review	Building application；PCM；Phase change material；Review；State-of-the-art	10.1016/j.enbuild.2010.03.026
Cabeza LF，2011	Materials used as PCM in thermal energy storage in buildings: A review	Building；Energy efficiency；Phase change materials（PCM）；Review；Thermal energy storage（TES）	10.1016/j.rser.2010.11.018
Zhou D，2012	Review on thermal energy storage with phase change materials（PCMs）in building applications	Phase change materials；thermal energy storage；building application；thermal comfort；numerical simulation	10.1016/j.apenergy.2011.08.025

（3）全寿命周期知识域文献列表

作者（年份）	标题	关键词	DOI
Cole RJ，1996	Life-cycle energy use in office buildings	Life cycle；energy use；embodied energy；operating energy	10.1016/0360-1323（96）00017-0
Ortiz O，2009	Sustainability in the construction industry: A review of recent developments based on LCA	Building life cycle；Building materials；Construction industry；LCA；Sustainability；Sustainable development	10.1016/j.conbuildmat.2007.11.012
Bribian IZ，2009	Life cycle assessment in buildings: State-of-the-art and simplified LCA methodology as a complement for building certification	Building materials；Embodied energy；Energy certification；Simplified LCA	10.1016/j.buildenv.2009.05.001

续表

作者（年份）	标题	关键词	DOI
Gustavsson L，2010	Life cycle primary energy analysis of residential buildings	CO_2；Cogeneration；District heating；Electricity；Life cycle；Low-energy；Passive；Primary energy；Residential；Space heating	10.1016/j.enbuild.2009.08.017
Blengini GA，2010	The changing role of life cycle phases，subsystems and materials in the LCA of low energy buildings	End-of-life；LCA；Low energy building；Recycling potential；Sustainability	10.1016/j.enbuild.2009.12.009
Dixit MK，2010	Identification of parameters for embodied energy measurement: A literature review	Building materials；Construction industry；Data quality；Embodied energy；Energy consumption；Life cycle analysis	10.1016/j.enbuild.2010.02.016
Cabeza LF，2014	Life cycle assessment（LCA）and life cycle energy analysis（LCEA）of buildings and the building sector: A review	Buildings Construction systems；Life cycle assessment（LCA）；Life cycle cost analysis（LCCA）；Life cycle energy analysis（LCEA）	10.1016/j.rser.2013.08.037

（4）外围护结构知识域文献列表

作者（年份）	标题	关键词	DOI
Comakli K，2003	Optimum insulation thickness of external walls for energy saving	Energy saving；Insulation thickness；Life cycle cost	10.1016/s1359-4311（02）00209-0
Chan als，2009	Investigation on energy performance of double skin facade in Hong Kong	Building energy simulation；Double skin façade；EnergyPlus；Payback period	10.1016/j.enbuild.2009.05.012
Baetens R，2010	Properties，requirements and possibilities of smart windows for dynamic daylight and solar energy control in buildings: A state-of-the-art review	Daylight control；Electrochromic window；Electrophoretic window；Gasochromic window；Liquid crystal window；Smart window；Solar energy control；Suspended-particle window；Transparent conductor	10.1016/j.solmat.2009.08.021
Sadineni SB，2011	Passive building energy savings: A review of building envelope components	Building energy savings；Building envelope；Doors；Fenestration；Glazing；Green roofs；Infiltration；Passive techniques；Roofs；Thermal insulation；Thermal mass；Walls；Windows	10.1016/j.rser.2011.07.014

续表

作者（年份）	标题	关键词	DOI
Shameri ma，2011	Perspectives of double skin facade systems in buildings and energy saving	Applications；Buildings；Challenges；Double skin façade systems；Limitations；Prospects	10.1016/j.rser.2010.10.016
Al-sanea sa，2012	Effect of thermal mass on performance of insulated building walls and the concept of energy savings potential	Energy savings potential；Heat transfer characteristics；Insulated building walls；Steady periodic conditions；Thermal mass	10.1016/j.apenergy.2011.08.009
Chae yt，2014	Building energy performance evaluation of building integrated photovoltaic（BIPV）window with semi-transparent solar cells	Building energy simulation；Building integrated photovoltaics（BIPV）system；Carbon equivalent；Semi-transparent solar cell	10.1016/j.apenergy.2014.04.106

（5）城市热岛知识域文献列表

作者（年份）	标题	关键词	DOI
Santamouris M，2001	On the impact of urban climate on the energy consumption of buildings	Urban climate；heat island intensity；building energy	10.1016/s0038-092x（00）00095-5
Akbari H，2001	Cool surfaces and shade trees to reduce energy use and improve air quality in urban areas	heat island；energy use；heat island mitigation	10.1016/s0038-092x（00）00089-x
Niachou A，2001	Analysis of the green roof thermal properties and investigation of its energy performance	green roof；energy；thermal fluctuation	10.1016/s0378-7788（01）00062-7
Synnefa A，2007	Estimating the effect of using cool coatings on energy loads and thermal comfort in residential buildings in various climatic conditions	Roof solar reflectance；Cooling energy savings；Indoor temperature；Roof U-value；Passive cooling	10.1016/j.enbuild.2007.01.004
Sailor DJ，2008	A green roof model for building energy simulation programs	Green roof；Ecoroof；Energy model；EnergyPlus；Building energy；Simulation	10.1016/j.enbuild.2008.02.001
Santamouris M，2011	Using advanced cool materials in the urban built environment to mitigate heat islands and improve thermal comfort conditions	Heat island；Cool materials；Mitigation techniques；Reflective materials	10.1016/j.solener.2010.12.023
Santamouris M，2014	Cooling the cities - A review of reflective and green roof mitigation technologies to fight heat island and improve comfort in urban environments	Heat island；Cool roofs；Green roofs；Mitigation potential	10.1016/j.solener.2012.07.003

附录G　引文网络构建的算法代码

利用Python编制了构建引用矩阵的算法，具体算法流程图及相应的算法如下：

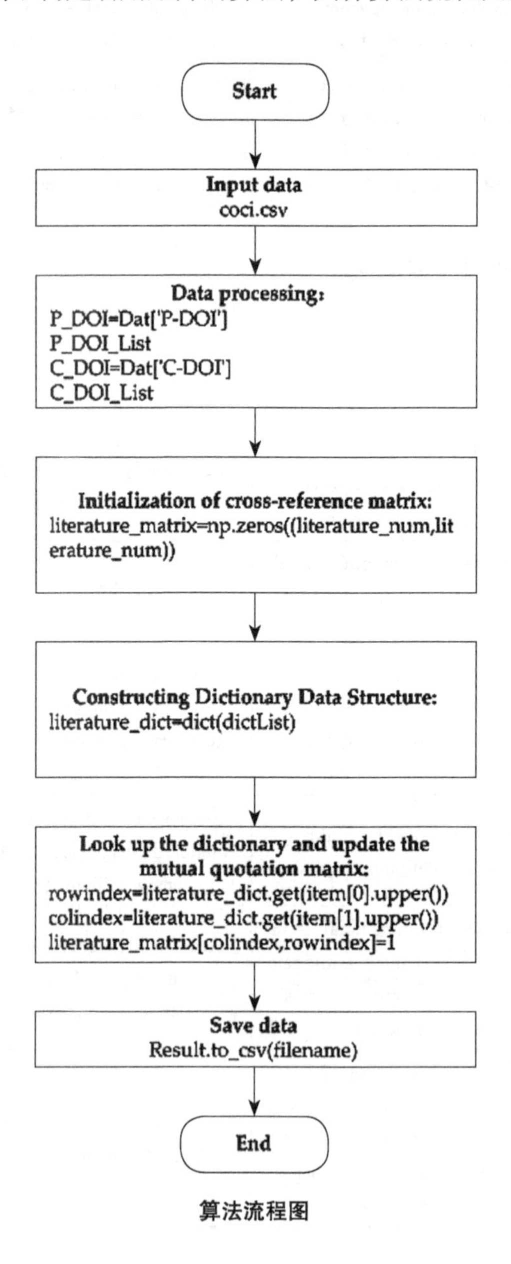

算法流程图

构建引用矩阵的Python算法：

Algorithm 2: Establish a citation matrix algorithm

```
import numpy as np
import pandas as pd
from datetime import datetime
dir='./coci.csv'

now_time = datetime.now( )
datestr  = now_time.strftime('%Y-%m-%d')
headstr='10.'
Dat=pd.read_csv(dir)

# P_DOI处理，剩下唯一doi值
P_DOI=Dat['P-DOI']
P_DOI=P_DOI.dropna( )
P_DOI=P_DOI.drop_duplicates( )
P_DOI_List=[]
for item in P_DOI.values:
  if(item!='null') and(headstr in item):
    P_DOI_List.append(item)

#C_DOI处理，剩下唯一doi值
C_DOI=Dat['C-DOI']
C_DOI=C_DOI.dropna( )
C_DOI=C_DOI.drop_duplicates( )
C_DOI_List=[]
for item in C_DOI.values:
  if item!='null':
    C_DOI_List.append(item)

literature_num=len(P_DOI_List)
print("The num of paper is %s"%literature_num)

# 初始化互引矩阵
literature_matrix=np.zeros((literature_num, literature_num))
shape=literature_matrix.shape
print("The shape of citation matrix is %s__%s"%(shape[0], shape[1]))

#把所有数据中出现的doi号合并
literature_list=P_DOI_List

#构造文献字典 {doi号：序号}
dictList=[]
dictitem=[]
index=0
for item in literature_list:
  dictitem=[]
  dictitem.append(item.upper( ))
  dictitem.append(index)
  index=index+1
  dictList.append(dictitem)
literature_dict=dict(dictList)

#基于查字典方式，更新矩阵
Scandat=Dat.iloc[:, [1, 2]].values
for item in Scandat:
  colindex=literature_dict.get(item[0].upper( ))
  if item[1]!='null':
    rowindex=literature_dict.get(item[1].upper( ))
    if rowindex==None:
      continue
    else:
      literature_matrix[rowindex, colindex]=1
  else:
    continue

#数据保存
print(literature_matrix.shape)
Result=pd.DataFrame(data=literature_matrix)
filename='./matrix'+datestr+'.csv'
Result.to_csv(filename)
```

附录H　建筑节能各知识路径文献列表

（1）全领域知识路径中各路径连接节点文献信息

作者（年份）	文章标题
Nassen J，2007	Direct and indirect energy use and carbon emissions in the production phase of buildings: An input-output analysis
Gustavsson L，2010	Life cycle primary energy analysis of residential buildings
Pisello AL，2012	A method for assessing buildings' energy efficiency by dynamic simulation and experimental activity
Ascione F，2013	Green roofs in European climates. Are effective solutions for the energy savings in air-conditioning?
Manfren M，2013	Calibration and uncertainty analysis for computer models - A meta-model based approach for integrated building energy simulation
Lu XS，2015	Modeling and forecasting energy consumption for heterogeneous buildings using a physical-statistical approach

（2）建筑能效知识域文献列表

居住者行为主题的知识路径文献

作者（年份）	文章标题
Foster M，2001	Occupant control of passive systems: the use of Venetian blinds
Reinhart CF，2004	Lightswitch-2002: A model for manual and automated control of electric lighting and blinds
Rijal HB，2007	Using results from field surveys to predict the effect of open windows on thermal comfort and energy use in buildings
Yu Z，2011	A systematic procedure to study the influence of occupant behavior on building energy consumption
Sun KY，2014	Stochastic modeling of overtime occupancy and its application in building energy simulation and calibration
Hong TZ，2016	Advances in research and applications of energy-related occupant behavior in buildings
Hong TZ，2017	Ten questions concerning occupant behavior in buildings: The big picture

能耗预测主题的知识路径文献

作者（年份）	文章标题
Lomas KJ，1992	Sensitivity analysis techniques for building thermal simulation programs
Kalogirou SA，2000	Artificial neural networks for the prediction of the energy consumption of a passive solar building
Tso GKF，2007	Predicting electricity energy consumption: A comparison of regression analysis，decision tree and neural networks
Yu Z，2010	A decision tree method for building energy demand modeling
Jain RK，2014	Forecasting energy consumption of multi-family residential buildings using support vector regression: Investigating the impact of temporal and spatial monitoringgranularity on performance accuracy
Sun KY，2016	A pattern-based automated approach to building energy model calibration

建筑节能优化主题的知识路径文献

作者（年份）	文章标题
Wright JA，2002	Optimization of building thermal design and control by multi-criterion genetic algorithm
Wang W，2005	Applying multi-objective genetic algorithms in green building design optimization
Magnier L，2010	Multiobjective optimization of building design using TRNSYS simulations，genetic algorithm，and Artificial Neural Network
Attia S，2013	Assessing gaps and needs for integrating building performance optimization tools in net zero energy buildings design
Mauro GM，2015	A new methodology for investigating the cost-optimality of energy retrofitting a building category
Ascione F，2016	Simulation-based model predictive control by the multi-objective optimization of building energy performance and thermal comfort

（3）相变材料知识域文献列表

相变材料热性能主题的知识路径文献

作者（年份）	文章标题
Sari A，2004	Form-stable paraffin/high density polyethylene composites as solid-liquid phase change material for thermal energy storage: preparation and thermal properties
Alkan C，2008	Fatty acid/poly（methyl methacrylate）（PMMA）blends as form-stable phase change materials for latent heat thermal energy storage
Sari A，2009	Preparation，thermal properties and thermal reliability of palmitic acid/expanded graphite composite as form-stable PCM for thermal energy storage
Sari A，2012	Thermal energy storage properties and thermal reliability of some fatty acid esters/building material composites as novel form-stable PCMs

续表

作者（年份）	文章标题
Sun ZM，2013	Preparation and thermal energy storage properties of paraffin/calcined diatomite composites as form-stable phase change materials
Xiong WL，2015	Facile synthesis of PEG based shape-stabilized phase change materials and their photo-thermal energy conversion

墙体相变材料主题的知识路径文献

作者（年份）	文章标题
Athienitis AK，1997	Investigation of the thermal performance of a passive solar test-room with wall latent heat storage
Neeper DA，2000	Thermal dynamics of wallboard with latent heat storage
Carbonari A，2006	Numerical and experimental analyses of PCM containing sandwich panels for prefabricated walls
Kuznik F，2008	Energetic efficiency of room wall containing PCM wallboard: A full-scale experimental investigation
Evola G，2013	A methodology for investigating the effectiveness of PCM wallboards for summer thermal comfort in buildings
Jin X，2016	Numerical analysis for the optimal location of a thin PCM layer in frame walls

混凝土相变材料主题的知识路径文献

作者（年份）	文章标题
Hawes DW，1992	Absorption of phase-change materials in concrete-The stability of phase-change materials in concrete
Bentz DP，2007	Potential applications of phase change materials in concrete technology
Hunger M，2009	The behavior of self-compacting concrete containing micro-encapsulated Phase Change Materials
Entrop AG，2011	Experimental research on the use of micro-encapsulated Phase Change Materials to store solar energy in concrete floors and to save energy in Dutch houses
Memon SA，2015	Utilization of macro encapsulated phase change materials for the development of thermal energy storage and structural lightweight aggregate concrete
Cui HZ，2017	Development of structural-functional integrated energy storage concrete with innovative macro-encapsulated PCM by hollow steel ball

（4）全寿命周期知识域文献列表

全寿命周期评估主题的知识路径文献

作者（年份）	文章标题
Scheuer C，2003	Life cycle energy and environmental performance of a new university building: modeling challenges and design implications
Blengini GA，2009	Life cycle of buildings，demolition and recycling potential: A case study in Turin，Italy
Blengini GA，2010	The changing role of life cycle phases，subsystems and materials in the LCA of low energy buildings
Stephan A，2013	A comprehensive assessment of the life cycle energy demand of passive houses
Atmaca A，2015	Life cycle energy（LCEA）and carbon dioxide emissions（LCCO（2）A）assessment of two residential buildings in Gaziantep，Turkey
Pomponi F，2016	Embodied carbon mitigation and reduction in the built environment-What does the evidence say?

全寿命周期费用主题的知识路径文献

作者（年份）	文章标题
Li DHW，2009	Energy and cost analysis of semi-transparent photovoltaic in office buildings
Marszal AJ，2011	Life cycle cost analysis of a multi-storey residential Net Zero Energy Building in Denmark
Hamdy M，2013	A multi-stage optimization method for cost-optimal and nearly-zero-energy building solutions in line with the EPBD-recast 2010
Mohamed A，2014	Fulfillment of net-zero energy building（NZEB）with four metrics in a single family house with different heating alternatives
Mohamed A，2015	The performance of small scale multi-generation technologies in achieving cost-optimal and zero-energy office building solutions

物化能主题的知识路径文献

作者（年份）	文章标题
Cole RJ，1996	Life-cycle energy use in office buildings
Scheuer C，2003	Life cycle energy and environmental performance of a new university building: modeling challenges and design implications
Huberman N，2008	A life-cycle energy analysis of building materials in the Negev desert
Dixit MK，2013	System boundary for embodied energy in buildings: A conceptual model for definition
Stephan A，2014	Reducing the total life cycle energy demand of recent residential buildings in Lebanon
Stephan A，2017	Quantifying and mapping embodied environmental requirements of urban building stocks

(5)外围护结构知识域文献列表

墙体保温厚度主题的知识路径文献

作者(年份)	文章标题
Hasan A，1999	Optimizing insulation thickness for buildings using life cycle cost
Comakli K，2003	Optimum insulation thickness of external walls for energy saving
Bolatturk A，2006	Determination of optimum insulation thickness for building walls with respect to various fuels and climate zones in Turkey
Yu JH，2009	A study on optimum insulation thicknesses of external walls in hot summer and cold winter zone of China
Daouas N，2011	A study on optimum insulation thickness in walls and energy savings in Tunisian buildings based on analytical calculation of cooling and heating transmission loads
Ozel M，2014	Effect of insulation location on dynamic heat-transfer characteristics of building external walls and optimization of insulation thickness

电致变色窗主题的知识路径文献

作者(年份)	文章标题
Lampert CM，1984	Electrochromic materials and devices for energy efficient windows
Lee ES，2002	Application issues for large-area electrochromic windows in commercial buildings
Lee ES，2007	Energy and visual comfort performance of electrochromic windows with overhangs
Ochoa CE，2012	Considerations on design optimization criteria for windows providing low energy consumption and high visual comfort
Mangkuto RA，2016	Design optimisation for window size，orientation，and wall reflectance with regard to various daylight metrics and lighting energy demand: A case study of buildings in the tropics

双层立面系统主题的知识路径文献

作者(年份)	文章标题
Gratia E，2004	Optimal operation of a south double-skin façade Natural cooling strategies efficiency in an office building with a double-skin facade
Chan ALS，2009	Investigation on energy performance of double skin facade in Hong Kong
Shameri MA，2011	Perspectives of double skin facade systems in buildings and energy saving
de Gracia A，2014	Life cycle assessment of a ventilated facade with PCM in its air chamber
Ghaffarianhoseini A，2016	Exploring the advantages and challenges of double-skin facades(DSFs)

（6）城市热岛知识域文献列表

作者（年份）	文章标题
Rosenfeld AH，1995	Mitigation of urban heat islands - materials，utility programs，updates
Bretz S，1998	Practical issues for using solar-reflective materials to mitigate urban heat islands
Akbari H，2001	Cool surfaces and shade trees to reduceenergy use and improve air quality in urban areas
知识路径 1	
Synnefa A，2007	On the development，optical propertiesand thermal performance of cool coloredcoatings for the urban environment
Karlessi T，2009	Development and testing of thermochromic coatings for buildings andurban structures
Santamouris M，2011	Using advanced cool materials in the urban built environment to mitigate heatislands and improve thermal comfortconditions
Rossi F，2014	Analysis of retro-reflective surfaces for urban heat island mitigation: A new analytical model
Akbari H，2016	Local climate change and urbanheat island mitigation techniques- the state of the art
知识路径 2	
Lazzarin RA，2005	Experimental measurements and numerical modelling of a green roof
Sailor DJ，2008	A green roof model for building energy simulation programs
Jaffal I，2012	A comprehensive study of the impact of green roofs on building energy
Berardi U，2014	State-of-the-art analysis of the environmental benefits of green roofs
Silva CM，2016	Green roofs energy performance in Mediterranean climate

图索引

表索引

参考文献

[1] Khoury M J, Ioannidis J P A. Big data meets public health[J]. Science, 2014, 346: 1054-1055.

[2] De Mauro, A., Greco, M., Grimaldi, M. What is big data? A consensual definition and a review of key research topics[J]. American Institute of Physics, 2015, 1644: 97-104.

[3] Larson D, Chang V. A review and future direction of agile, business intelligence, analytics and data science[J]. International Journal of Information Management, 2016, 36(5): 700-710.

[4] Gu D, Li J, Li X, et al. Visualizing the knowledge structure and evolution of big data research in healthcare informatics[J]. International Journal of Medical Informatics, 2017, 98: 22-32.

[5] Liang T P, Liu Y H. Research Landscape of Business Intelligence and Big Data Analytics: A Bibliometrics Study[J]. Expert Systems with Applications, 2018, 111: 2-10.

[6] Sato Y, Lzui K, Yamada T et al. Data mining based on clustering and association rule analysis for knowledge discovery in multiobjective topology optimization[J]. Expert Systems with Application, 2019, 119: 247-261.

[7] Wang J, Wang G, Zhou M. Bimodal Vein Data Mining via Cross-Selected-Domain Knowledge Transfer[J]. IEEE Transactions on Information Forensics and Security, 2018, 13(3): 733-744.

[8] Thomas M C, Zhu W, Romagnoli J A. Data mining and clustering in chemical process databases for monitoring and knowledge discovery[J]. Journal of Process

Control，2018，67：160-175.

[9] Ramos N M M，Almeida R M S F，Sim? Es M L，et al. Knowledge discovery of indoor environment patterns in mild climate countries based on data mining applied to in-situ measurements[J]. Sustainable Cities and Society，2017，30：37-48.

[10] Aste N，Caputo P，Buzzetti M，et al. Energy efficiency in buildings：What drives the investments? The case of Lombardy Region[J]. Sustainable Cities & Society，2016，20：27-37.

[11] Tiba S，Omri A. Literature survey on the relationships between energy，environment and economic growth[J]. Renewable and Sustainable Energy Reviews，2016，69：1129-1146.

[12] Yigit S，Ozorhon B. A simulation-based optimization method for designing energy efficient buildings[J]. Energy and Buildings，2018，178：216-227.

[13] Mahmood T，Ahmad E. The relationship of energy intensity with economic growth：Evidence for European economies[J]. Energy Strategy Reviews，2018，20：90-98.

[14] Souayfane F，Fardoun F，Biwole PH. Phase Change Materials（PCM）for cooling applications in buildings：A review[J]. Energy and Buildings，2016，129：396-431.

[15] D’Oca，Simona，Hong T，Langevin J. The human dimensions of energy use in buildings：A review[J]. Renewable and Sustainable Energy Reviews，2018，81：731-742.

[16] International Energy Agency Statistics 2018.〈http：//www.iea.org〉（accessed August 20，2019）.

[17] Directive 2010/31/EU of the European Parliament and the Council of 19 May 2010 on the energy performance of building（recast）.

[18] International Energy Agency Transition to Sustainable Buildings：Strategies and Opportunities to 2050 IEA Publication（2013）.

[19] Wang X，Feng W，Cai W，et al. Do residential building energy efficiency standards reduce energy consumption in China? – A data-driven method to validate the actual performance of building energy efficiency standards[J]. Energy Policy，2019，131：82-98.

[20] Delgarm N, Sajadi B, Azarbad K, et al. Sensitivity analysis of building energy performance: A simulation-based approach using OFAT and variance-based sensitivity analysis methods[J]. Journal of Building Engineering, 2018, 15: 181-193.

[21] Salimi S, Hammad A. Critical Review and Research Roadmap of Office Building Energy Management Based on Occupancy Monitoring[J]. Energy and Buildings, 2018, 182: 214-241.

[22] Feldman D, Banu D, Hawes D, et al. Obtaining an energy storing building material by direct incorporation of an organic phase change material in gypsum wallboard[J]. Solar Energy Materials, 1991, 22(2-3): 231-242.

[23] Luo T, Tan YT, Langston C, et al. Mapping the knowledge roadmap of low carbon building: A scientometric analysis[J]. Energy and Buildings, 2019, 194: 163-176.

[24] Lv Y, Ding Y, Song M, et al. Topology-driven trend analysis for drug discovery[J]. Journal of Informetrics, 2018, 12(3): 893-905.

[25] Shiau WL, Dwivedi YK, Lai HH. Examining the core knowledge on facebook[J]. International Journal of Information Management, 43: 52-63.

[26] Davidson G S, Hendrickson B, Johnson D K, et al. Knowledge Mining With VxInsight: Discovery Through Interaction[J]. Journal of Intelligent Information Systems, 1998, 11(3): 259-285.

[27] Shibata N, Kajikawa Y, Takeda Y, et al. Detecting emerging research fronts based on topological measures in citation networks of scientific publications[J]. Technovation, 2008, 28(11): 758-775.

[28] Glanzel W, Zhang L. Scientometric research assessment in the developing world: A tribute to Michael J. Moravcsik from the perspective of the twenty-first century[J]. Scientometrics, 2018, 115(3): 1517-1532.

[29] Langhe RD. Towards the Discovery of Scientific Revolutions in Scientometric Data[J]. Scientometrics, 2017, 110: 1-15.

[30] Chen S, Yang W, Yoshino H, et al. Definition of occupant behavior in residential buildings and its application to behavior analysis in case studies[J]. Energy & Buildings, 2015, 104: 1-13.

[31] 迟玉琢，王延飞. 面向科学数据管理的科学数据引用内容分析框架[J]. 情报学报，2018(1)：43-51.
[32] 黄甫全，游景如，涂丽娜等. 系统性文献综述法：案例、步骤与价值[J]. 电化教育研究，2017(11)：10-18.
[33] Amasyali K，El-Gohary NM. A review of data-driven building energy consumption prediction studies[J]. Renewable and Sustainable Energy Reviews，81：1192-1205.
[34] Aditya L，Mahlia T M I，Rismanchi B，et al. A review on insulation materials for energy conservation in buildings[J]. Renewable and Sustainable Energy Reviews，2017，73：1352-1365.
[35] Song M，Niu F，Mao N et al. Review on building energy performance improvement using phase change materials[J]. Energy and Buildings，158：776-793.
[36] Delzendeh E，Wu S，Lee A，et al. The impact of occupants' behaviours on building energy analysis：A research review[J]. Renewable and Sustainable Energy Reviews，2017，80：1061-1071.
[37] Webb AL. Energy retrofits in historic and traditional buildings：A review of problems and methods[J]. Renewable and Sustainable Energy Reviews，77：748-759.
[38] Yeatts D E，Auden D，Cooksey C，et al. A systematic review of strategies for overcoming the barriers to energy-efficient technologies in buildings[J]. Energy Research & Social Science，2017：S2214629617300798.
[39] Valladares-Rendón，L.G，Schmid G，Lo SL. Review on energy savings by solar control techniques and optimal building orientation for the strategic placement of facade shading systems[J]. Energy and Buildings，2017，140：458-479.
[40] Pean TQ，Salom J，Costa-Castelló R. Review of control strategies for improving the energy flexibility provided by heat pump systems in buildings[J]. Journal of Process Control，2019：35-49.
[41] Irshad K，Habib K，Saidur R，et al. Study of thermoelectric and photovoltaic facade system for energy efficient building development：A review[J]. Journal of

Cleaner Production，2019，209：1376-1395.

[42] Lizana J，Chacartegui R，Barrios-Padura A，et al. Advances in thermal energy storage materials and their applications towards zero energy buildings：A critical review[J]. Applied Energy，2017，203：219-239.

[43] Johra H，Heiselberg P. Influence of internal thermal mass on the indoor thermal dynamics and integration of phase change materials in furniture for building energy storage：A review[J]. Renewable and Sustainable Energy Reviews，2017，69：19-32.

[44] Rashidi S，Esfahani J A，Karimi N. Porous materials in building energy technologies—A review of the applications，modelling and experiments[J]. Renewable & Sustainable Energy Reviews，2018，91：229-247.

[45] Yanyi S，Robin W，Yupeng W. A Review of Transparent Insulation Material (TIM) for building energy saving and daylight comfort[J]. Applied Energy，2018，226：713-729.

[46] Paone A，Bacher JP. The Impact of Building Occupant Behavior on Energy Efficiency and Methods to Influence It：A Review of the State of the Art[J]. Energies，2018：953.

[47] Thieblemont，Hélène，Haghighat F，Ooka R，et al. Predictive Control Strategies based on Weather Forecast in Buildings with Energy Storage System：A Review of the State-of-the Art[J]. Energy and Buildings，2017，153：485-500.

[48] Tian Z，Zhang X，Jin X，et al. Towards adoption of building energy simulation and optimization for passive building design：A survey and a review[J]. Energy and Buildings，2018，158：1306-1316.

[49] Atam E. Current software barriers to advanced model-based control design for energy-efficient buildings[J]. Renewable and Sustainable Energy Reviews，2017，73：1031-1040.

[50] Azari R，Abbasabadi N. Embodied energy of buildings：A review of data，methods，challenges，and research Trends[J]. Energy & Buildings，2018，168：225-235.

[51] Cellura M，Guarino F，Longo S，et al. Modeling the energy and environmental

life cycle of buildings：A co-simulation approach[J]. Renewable and Sustainable Energy Reviews，2017，80：733-742.

[52] Wei T，Yeonsook H，Pieter D W，et al. A review of uncertainty analysis in building energy assessment[J]. Renewable and Sustainable Energy Reviews，2018，93：285-301.

[53] Ferrara M，Monetti V，Fabrizio E. Cost-Optimal Analysis for Nearly Zero Energy Buildings Design and Optimization：A Critical Review[J]. Energies，2018，11(6)：1478.

[54] Gao H，Koch C，Wu Y. Building information modelling based building energy modelling：A review[J]. Applied Energy，2019，238：320-343.

[55] Lim H，Zhai ZJ. Review on stochastic modeling methods for building stock energy prediction[J]. Building Simulation，2017，10(5)：607-624.

[56] Mohandes SR，Zhang X，Mahdiyar A. A comprehensive review on the application of artificial neural networks in building energy analysis[J]. Neurocomputing，2019，240：55-75.

[57] Friess WA，Rakhshan K. A review of passive envelope measures for improved building energy efficiency in the UAE[J]. Renewable and Sustainable Energy Reviews，2017，72：485-496.

[58] Li X，Zhou Y，Yu S，et al. Urban heat island impacts on building energy consumption：A review of approaches and findings[J]. Energy，2019，5：407-419.

[59] Lucchino E C，Goia F，Lobaccaro G，et al. Modelling of double skin facades in whole-building energy simulation tools：A review of current practices and possibilities for future developments[J]. Building Simulation，2019，12(1)：3-27.

[60] 伍红民，郭汉丁，李柏桐. 既有建筑节能改造市场的政府治理研究综述[J]. 土木工程与管理学报，2018(4)：175-181.

[61] 秦广蕾，郭汉丁. 既有建筑节能改造市场运行理论研究综述[J]. 建筑经济，2019，40(3)：111-117.

[62] Belussi L，Barozzi B，Bellazzi A，et al. A review of performance of zero energy buildings and energy efficiency solutions[J]. Journal of Building

Engineering，2019，25，100772.

[63] Berg F，Flyen AC，Godbolt AL，et al. User-driven energy efficiency in historic buildings：A review[J]. Journal of Cultural Heritage，2017，28：188-195.

[64] Geng Y，Ji W，Wang Z，et al. A review of operating performance in green buildings：Energy use，indoor environmental quality and occupant satisfaction[J]. 2019，183：500-514.

[65] Hannan M A，Faisal M，Jern K P，et al. A Review of Internet of Energy Based Building Energy Management Systems：Issues and Recommendations[J]. IEEE Access，2018：1.

[66] Centobelli，P.，Cerchione，R.，Esposito，E. Environmental Sustainability and Energy-Efficient Supply Chain Management：A Review of Research Trends and Proposed Guidelines[J]. Energies，2018，11(2)，275.

[67] Vivas，F. J.，De las Heras，A.，Segura，F.，Andújar，J. M. A review of energy management strategies for renewable hybrid energy systems with hydrogen backup[J]. Renewable and Sustainable Energy Reviews，2018，82，126-155.

[68] Chien Bong，C. P.，Ho，W. S.，Hashim，H.，Lim，J. S.，Ho，C. S.，Peng Tan，W. S.，Lee，C. T. Review on the renewable energy and solid waste management policies towards biogas development in Malaysia[J]. Renewable and Sustainable Energy Reviews，2017，70，988–998.

[69] Nalimov V.，Mulcjenko B. Measurement of science：Study of the development of science as an information process. Foreign Technology Division，Washington，DC(1971).

[70] Hood W W，Concepción S. Wilson. The Literature of Bibliometrics，Scientometrics，and Informetrics[J]. Scientometrics，2001，52(2)：291-314.

[71] Senel，Engin，Demir E. A global productivity and bibliometric analysis of telemedicine and teledermatology publication trends during 1980–2013[J]. Dermatologica Sinica，2015，33(1)：16-20.

[72] Xiaojun L，Mengmeng W，Hanliang F. Visualized analysis of knowledge development in green building based on bibliographic data mining[J]. The Journal of Supercomputing，2018，10.1007/s11227-018-2543-y.

[73] Mingers J, Leydesdorff L . A review of theory and practice in scientometrics[J]. European Journal of Operational Research, 2015, 246(1): 1-19.

[74] Bornmann L, Tekles A, Scientometrics, et al. Disruptive papers published in Scientometrics[J]. Scientometrics, 2019, 120(1): 331-336.

[75] Smith D R. Impact factors, scientometrics and the history of citation-based research[J]. Scientometrics, 2012, 92(2): 419-427.

[76] Chen C. Eugene Garfield's Scholarly Impact: A Scientometric Review[J]. Scientometrics, 2018, 114(2): 489-516.

[77] Price DDS. A general theory of bibliometric and other cumulative advantage processes[J], . Journal of the American Society for Information Science, 1976, 27(5): 292-306.

[78] Elkana Y., Lederberg J., Merton R., Thackray A., Zuckerman H.(Eds.), Toward a metric of science: The advent of science indicators, Wiley, New York (1978).

[79] Garfield, E., Sher, I.H., Torpie, R. The use of citation data in writing the history of science[M]. Philadelphia, Institute for Scientific Information.

[80] Garfield, E. Citation Indexes for Science: A New Dimension in Documentation through Association of Ideas[J]. Science, 1955, 122(3159): 108-111.

[81] Hummon N P, Doreian P. Connectivity in a citation network: The development of DNA theory. Social networks, 1989, 11(1): 39-63.

[82] Small H, Griffith B C. The Structure of Scientific Literatures I: Identifying and Graphing Specialties[J]. Social Studies of Science, 1974, 4(1): 17-40.

[83] Callon M, Courtial J P, Turner W A, et al. From translations to problematic networks: An introduction to co-word analysis[J]. Social Science Information, 1983, 22(2): 191-235.

[84] Marx W, Bornmann L, Barth A, et al. Detecting the historical roots of research fields by reference publication year spectroscopy(RPYS)[J]. Journal of the Association for Information Science and Technology, 2014, 65(4): 751-764.

[85] Blondel V D, Guillaume J L, Lambiotte R, et al. Fast unfolding of communities in large networks[J]. Journal of Statistical Mechanics: Theory and Experiment, 2008, 2008(10): 10008.

[86] Muhuri P K, Shukla A K, Janmaijaya M, et al. Applied Soft Computing: A Bibliometric Analysis of the Publications and Citations during(2004-2016)[J]. Applied Soft Computing Journal, 2018, 69: 381-392.

[87] He Q, Ge W, Lan L, et al. Mapping the managerial areas of Building Information Modeling(BIM) using scientometric analysis[J]. International Journal of Project Management, 2016, 35(4): 670-685.

[88] Shi YL, Liu XP. Research on the Literature of Green Building Based on the Web of Science: A ScientometricAnalysis in CiteSpace(2002-2018)[J]. Sustainability, 2018(13): 10.3390/su11133716.

[89] 何清华，王歌，等. 知识图谱视角下绿色低碳建筑研究动态[J]. 中国科技论坛，2015(10): 136-141.

[90] Darko, A, Chan, APC, Huo, XS, et al. A scientometric analysis and visualization of global green building research[J]. Energy and Buildings, 2019, 149: 501-511.

[91] Wuni IY, Shen GQP, Osei RO. Scientometric review of global research trends on green buildings in construction journals from 1992 to 2018[J]. Energy and Buildings, 2019, 190: 69-85.

[92] Santos, Rúben, Costa, António A, Grilo, António. Bibliometric analysis and review of Building Information Modelling literature published between 2005 and 2015[J]. Automation in Construction, 2017, 80: 118-136.

[93] Li X, Wu P, Shen G Q, et al. Mapping the knowledge domains of Building Information Modeling(BIM): A bibliometric approach[J]. Automation in Construction, 2017, 84: 195-206.

[94] Hosseini, MR, Maghrebi, M, Akbarnezhad, A, et al. Analysis of Citation Networks in Building Information Modeling Research[J]. Journal of Construction Engineering and Management, 2018, 144(8): 04018064.

[95] 赵亮，王文顺，张维. 基于知识图谱的国际建筑信息模型研究可视化分析[J]. 重庆理工大学学报(自然科学)，2019，33(3): 113-124.

[96] Geng S, Wang Y, Zuo J, et al. Building life cycle assessment research: A review by bibliometric analysis[J]. Renewable and Sustainable Energy Reviews, 2017, 76: 176-184.

[97] Zeng R, Chini A. A review of research on embodied energy of buildings using bibliometric analysis[J]. Energy and Buildings, 2017, 155: 172-184.

[98] Cristino T M, Faria Neto A, Costa A F B. Energy efficiency in buildings: analysis of scientific literature and identification of data analysis techniques from a bibliometric study[J]. Scientometrics, 2018, 114(3): 1275-1326.

[99] Gaede J, Rowlands IH. Visualizing social acceptance research A bibliometric review of the social acceptance literature for energy technology and fuels[J]. Energy Research & Social Science, 2018, 40: 142-158.

[100] Yu H, Wei Y M, Tang B J, et al. Assessment on the research trend of low-carbon energy technology investment: A bibliometric analysis[J]. Applied Energy, 2016, 184: 960-970.

[101] Ferreira Mercuri, Emílio Graciliano, Jakubiak Kumata A Y, Amaral E B, et al. Energy by Microbial Fuel Cells: Scientometric global synthesis and challenges[J]. Renewable and Sustainable Energy Reviews, 2016, 65: 832-840.

[102] Mao G, Huang N, Chen L, et al. Research on biomass energy and environment from the past to the future: A bibliometric analysis[J]. Science of The Total Environment, 2018, 635: 1081-1090.

[103] Wang Y, Lai N, Zuo J, et al. Characteristics and trends of research on waste-to-energy incineration: A bibliometric analysis, 1999–2015[J]. Renewable & Sustainable Energy Reviews, 2016, 66: 95-104.

[104] 赵勇. 中外高水平涉农高校的学科结构特征比较-基于QS世界大学农业学科排名的科学计量学分析[J]. 情报杂志，2015(5)：92-97.

[105] 蒋勇青，齐萍. 学术期刊影响力评价方法研究[J]. 中国软科学，2017(3)：178-185.

[106] 刘则渊. 悄然兴起的科学知识图谱[J]. 科学学研究，2005，23(2)：149-154.

[107] 张晓林. 颠覆性变革与后图书馆时代——推动知识服务的供给侧结构性改革[J]. 中国图书馆学报，2018，44(1)：4-16.

[108] 赵蓉英，邱均平. 知识网络研究（Ⅰ）——知识网络概念演进之探究[J]. 情报学报，2007(2)：198-209.

[109] 赵蓉英. 知识网络研究（Ⅱ）——知识网络的概念、内涵和特征[J]. 情报学报，2007，26(3)：470-476.
[110] 赵蓉英，张洋，邱均平. 知识网络研究（Ⅲ）——知识网络的特性探析[J]. 情报学报，2007(4).
[111] 赵蓉英. 论知识网络的结构[J]. 图书情报工作，2007，51(9)：6-10.
[112] 赵蓉英，邱均平，ZhaoRongying，et al. 知识网络的类型学探究[J]. 图书情报工作，2007，51(9)：11-15.
[113] 赵蓉英，谷丽娜. 数字图书馆与知识网络的关系分析[J]. 情报科学，2008，26(6)：947-951.
[114] 王晓光. 科学知识网络的形成与演化（Ⅰ）：共词网络方法的提出[J]. 情报学报，2009，28(4)：599-605.
[115] 王晓光. 科学知识网络的形成与演化（Ⅱ）：共词网络可视化与增长动力学[J]. 情报学报，2010(2)：314-322.
[116] 马费成，刘向，MaFeicheng，et al. 知识网络的演化（Ⅰ）：增长与老化动态[J]. 情报学报，2011，30(8)：787-795.
[117] 马费成，刘向. 知识网络的演化（Ⅱ）：增长老化与知识产生时点的关系[J]. 情报学报，2011，30(9)：916-921.
[118] 马费成，刘向. 知识网络的演化（Ⅲ）：连接机制[J]. 情报学报，2011，10(10)：1015-1021.
[119] 刘向，马费成. 科学知识网络的演化与动力——基于科学引证网络的分析[J]. 管理科学学报，2012，15(1)：87-94.
[120] 刘向，马费成，王晓光. 知识网络的结构及过程模型[J]. 系统工程理论与实践，2013，33(7)：1836-1844.
[121] 马费成，刘向. 科学知识网络的演化模型[J]. 系统工程理论与实践，2013，33(2)：437-443.
[122] 邱均平，吕红. 基于知识图谱的知识网络研究可视化分析[J]. 情报科学，2013(12)：3-8.
[123] 吕鹏辉，张士靖. 学科知识网络研究（Ⅰ）引文网络的结构、特征与演化[J]. 情报学报，2014(4)：340-348.
[124] 吕鹏辉，张凌. 学科知识网络研究（Ⅱ）共被引网络的结构、特征与演化[J]. 情报学报，2014(4)：349-357.

[125] 赵一鸣，吕鹏辉，ZhaoYiming，et al. 学科知识网络研究（Ⅲ）共词网络的结构、特征与演化1）[J]. 情报学报，2014(4)：358-366.
[126] 吕鹏辉，刘盛博，LyuPenghui，et al. 学科知识网络实证研究（Ⅳ）合作网络的结构与特征分析[J]. 情报学报，2014(4)：367-374.
[127] Liu X，Jiang T，Ma F. Collective dynamics in knowledge networks：Emerging trends analysis[J]. Journal of Informetrics，2013，7(2)：425-438.
[128] Guan J，Yan Y，Zhang J J. The impact of collaboration and knowledge networks on citations[J]. Journal of Informetrics，2017，11(2)：407-422.
[129] Ferreira M P，Reis N R，Paula R M，et al. Structural and longitudinal analysis of the knowledge base on spin-off research[J]. Scientometrics，2017，112(1)：289-313.
[130] Lee S，Kim W. The knowledge network dynamics in a mobile ecosystem：a patent citation analysis[J]. Scientometrics，2017，111(2)：717-742.
[131] Fursov K，Kadyrova A. How the analysis of transitionary references in knowledge networks and their centrality characteristics helps in understanding the genesis of growing technology areas[M]. Springer-Verlag New York，Inc. 2017.
[132] Pan R K，Petersen A M，Fabio P，et al. The memory of science：Inflation，myopia，and the knowledge network[J]. Journal of Informetrics，2018，12(3)：656-678.
[133] Santos G，Marques C S，Ferreira J J . A look back over the past 40 years of female entrepreneurship：mapping knowledge networks[J]. Scientometrics，2018，115(2)：953-987.
[134] Szántó-Várnagy A，Farkas IJ. Forecasting turning trends in knowledge networks[J]. Physica A：Statistical Mechanics and its Applications，2018，507：110-122.
[135] Huang TY，Zhao B. Measuring popularity of ecological topics in a temporal dynamical knowledge network[J]. Plos ONE，2019，14(1)：e0208370.
[136] Ma X，Zhang L，Wang J，et al. Knowledge Domain and Emerging Trends on Echinococcosis Research：A Scientometric Analysis[J]. International Journal of Environmental Research and Public Health，2019，16(5)：842.

[137] Huang TY, Zhao B. Measuring popularity of ecological topics in a temporal dynamical knowledge network[J]. PloS one, 2019, 14(1): e0208370.

[138] Acar MF, Tarim M, Zaim H, et al. Knowledge management and ERP: Complementary or contradictory?[J]. International Journal of Information Management, 2017, 37(6): 703-712.

[139] Al-Emran M, Mezhuyev V, Kamaludin A, et al. The impact of knowledge management processes on information systems: A systematic review[J]. International Journal of Information Management, 2018, 43: 173-187.

[140] 黑格尔.小逻辑[M].贺麟译.商务印书馆, 1980: 56.

[141] 黄志坚. 青年学的知识体系、方法建构与发展进路(下)[J]. 当代青年研究, 2019(1): 12-19.

[142] 张嘉凌. 中国政治学会2019年会长会议暨中国政治学知识体系建设学术研讨会综述[J]. 政治学研究, 2019(3): 121-124.

[143] 吴欣. 运河学研究的理论、方法与知识体系[J]. 人文杂志, 2019(6): 7-12.

[144] Henze J, Schroter B, Albert C. Knowing Me, Knowing You—Capturing Different Knowledge Systems for River Landscape Planning and Governance [J]. Water, 2018, 10(7): 10.3390/w10070934.

[145] Paci AM. A Research and Innovation Policy for Sustainable S&T: A Comment on the Essay "Exploring the Logic and Landscape of the Knowledge System" [J]. Engineering, 2018, 4(3): 306-308.

[146] Zhang Y, Bai X, Mills F P, et al. Rethinking the role of occupant behavior in building energy performance: A review[J]. Energy & Buildings, 2018, 172: 279-294.

[147] Cruz-Lovera C D L, Perea-Moreno A J, Cruz-Fernández J L D L, et al. Worldwide Research on Energy Efficiency and Sustainability in Public Buildings[J]. Sustainability, 2017, 9(8): 1294.

[148] Haunschild R, Bornmann L, Marx W. Climate Change Research in View of Bibliometrics[J]. Plos One, 2016, 11(7): e0160393.

[149] 孙熊兰, 魏玉梅, 王思茗, 滕广青.多视角下高水平作者的合作模式研究[J].情报资料工作, 2019, 40(4): 34-43.

[150] Brunson J C, Fassino S, Mc Innes A, et al. Evolutionary events in a

mathematical sciences research collaboration network[J]. Scientometrics, 2014 (3): 973-998.

[151] Small H. co-citation in the scientific literature: a new measure of the relationship between two documents[J]. Journal of the American Society for Information Science, 1973, 24(4): 265-269.

[152] Fang Y, Yin J, Wu B. Climate change and tourism: a scientometric analysis using CiteSpace[J]. Journal of Sustainable Tourism, 2017: 1-19.

[153] Liu Z, Yin Y, Liu W, et al. Visualizing the intellectual structure and evolution of innovation systems research: a bibliometric analysis[J]. Scientometrics, 2015, 103(1): 135-158.

[154] Trianni A, Merigó, José M, Bertoldi P. Ten years of Energy Efficiency: a bibliometric analysis[J]. Energy Efficiency, 2018, 11(8): 1917-1939.

[155] He Q, Ge W, Lan L, et al. Mapping the managerial areas of Building Information Modeling(BIM) using scientometric analysis[J]. International Journal of Project Management, 2017, 35(4): 670-685.

[156] Su LX, Lyu PH, Yang Z, et al. Scientometric cognitive and evaluation on smart city related construction and building journals data[J]. Scientometrics, 2015, 105(1): 449-470.

[157] Yan Y, Guan J. How multiple networks help in creating knowledge: evidence from alternative energy patents[J]. Scientometrics, 2018, 115(1): 51-77.

[158] Sanz-Casado E, Garcia-Zorita J C, Serrano-LoPez A E, et al. Renewable energy research 1995–2009: a case study of wind power research in EU, Spain, Germany and Denmark[J]. Scientometrics, 2013, 95(1): 197-224.

[159] Konur O. The scientometric evaluation of the research on the algae and bio-energy[J]. Applied Energy, 2011, 88(10): 3532-3540.

[160] van Eck, Waltman L. Software survey: Vosviewer, a computer program for bibliometricmapping[J]. Scientometrics, 2010, 84(2), 523-538.

[161] Van Eck, Waltman L, Dekker R, et al. An experimental comparison of bibliometric mapping techniques[C]. Paper presented at the 10th international conference on science and technology indicators, Vienna, 2008.

[162] Perez-Lombard L, Ortiz J, Pout C. A review on buildings energy consumption

information[J]. Energy & Buildings, 2008, 40(3): 394-398.

[163] Sharma A, Tyagi V V, Chen C R, et al. Review on thermal energy storage with phase change materials and applications[J]. Renewable and Sustainable Energy Reviews, 2009, 13(2): 318-345.

[164] Crawley D B, Lawrie L K, Winkelmann F C, et al. EnergyPlus: creating a new-generation building energy simulation program[J]. Energy and Buildings, 2001, 33(4): 319-331.

[165] Crawley D, Hand J. Contrasting the Capabilities of Building Energy Performance Simulation Programs[J]. Building & Environment, 2008, 43(4): 661-673.

[166] Swan L G, Ugursal V I. Modeling of end-use energy consumption in the residential sector: A review of modeling techniques[J]. Renewable and Sustainable Energy Reviews, 2009, 13(8): 1819-1835.

[167] Sartori I, Hestnes A G. Energy use in the life cycle of conventional and low-energy buildings: A review article[J]. Energy and Buildings, 2007, 39(3): 249-257.

[168] Khudhair A M, Farid M M. A review on energy conservation in building applications with thermal storage by latent heat using phase change materials[J]. Energy Conversion & Management, 2004, 45(2): 263-275.

[169] Cabeza L F, Castell A, Barreneche C, et al. Materials used as PCM in thermal energy storage in buildings: A review[J]. Renewable and Sustainable Energy Reviews, 2011, 15(3): 1675-1695.

[170] Tyagi V V, Buddhi D. PCM thermal storage in buildings: A state of art[J]. Renewable & Sustainable Energy Reviews, 2007, 11(6): 1146-1166.

[171] Zhou D, Zhao C Y, Tian Y. Review on thermal energy storage with phase change materials(PCMs) in building applications[J]. Applied Energy, 2012, 92: 593-605.

[172] Zhao H X, Frédéric M. A review on the prediction of building energy consumption[J]. Renewable and Sustainable Energy Reviews, 2012, 16(6): 3586-3592.

[173] Marszal A J, Heiselberg P, Bourrelle J S, et al. Zero Energy Building – A review of definitions and calculation methodologies[J]. Energy and Buildings,

2011, 43(4): 971-979.

[174] Ramesh T, Prakash R, Shukla K K. Life cycle energy analysis of buildings: An overview[J]. Energy and Buildings, 2010, 42(10): 1592-1600.

[175] Nicol J F, Humphreys M A. Adaptive Thermal Comfort and Sustainable Thermal Standards for Buildings[J]. Energy and Buildings, 2002, 34(6): 563-572.

[176] Kuznik F, David D, Johannes K, et al. A review on phase change materials integrated in building walls[J]. Renewable & Sustainable Energy Reviews, 2011, 15(1): 379-391.

[177] Cabeza L F, Cecilia Castellón, Miquel Nogués, et al. Use of microencapsulated PCM in concrete walls for energy savings[J]. Energy and Buildings, 2007, 39 (2): 113-119.

[178] Price D J D S. Networks of Scientific Papers[J]. Science, 1965, 149(3683): 510-515.

[179] Kessler M M. Bibliographic coupling between scientific papers[J]. American Documentation, 1963, 14(1): 10-25.

[180] Klavans R, Boyack K W. Which type of citation analysis generates the most accurate taxonomy of scientific and technical knowledge[J]. Journal of the Association for Information Science and Technology, 2017, 68(4): 984-998.

[181] Velden T, Yan S, Lagoze C. Mapping the cognitive structure of astrophysics by infomap clustering of the citation network and topic affinity analysis[J]. Scientometrics, 2017, 111(2): 1033-1051.

[182] Yeo W, Kim S, Lee J M, et al. Aggregative and stochastic model of main path identification: a case study on graphene[J]. Scientometrics, 2014, 98 (1): 633-655.

[183] Batagelj, V. Efficient algorithms for citation network analysis. ArXiv preprint arXiv: cs/0309023, 2003.

[184] Liu J S, Lu L Y. An Integrated Approach for Main Path Analysis: Development of the Hirsch Index as an Example[J]. Journal of the American Society for Information Science and Technology, 2012, 63(3): 528-542.

[185] Lu L Y，Liu J S. An innovative approach to identify the knowledge diffusion path：the case of resource-based theory[J]. Scientometrics，2013，94(1)：225-246.

[186] Xiao Y，Lu L Y Y，Liu J S，et al. Knowledge diffusion path analysis of data quality literature：A main path analysis[J]. Journal of Informetrics，2014，8(3)：594-605.

[187] Barbieri N，Ghisetti C，Gilli M，et al. A survey of the literature on environmental innovation based on main path analysis[J]. Journal of Economic Surveys，2016，30(3)：596-623.

[188] Liang H，Wang J J，Xue Y，et al. IT outsourcing research from 1992 to 2013：A literature review based on main path analysis[J]. Information & Management，2016，53(2)：227-251.

[189] Ma V C，Liu J S. Exploring the research fronts and main paths of literature：a case study of shareholder activism research[J]. Scientometrics，2016，109(1)：33-52.

[190] Henrique B M，Sobreiro V A，Kimura H. Building direct citation networks[J]. Scientometrics，2018，115(2)：817-832.

[191] Liu J S，Lu L Y Y，Lu W M，et al. Data envelopment analysis 1978–2010：A citation-based literature survey[J]. Omega-international Journal of Management Science，2013，41(1)：3-15.

[192] Liu J S，Lu L Y Y，Lu W M，et al. A survey of DEA applications[J]. Omega，2013，41(5)：893-902.

[193] Leydesdorff L，Thor A，Bornmann L. Further steps in integrating the platforms of WoS and Scopus：Historiography with HistCite™ and main-path analysis[J]. El Profesional De La Información，2017，26(4)：662-671.

[194] Persson O . Identifying research themes with weighted direct citation links[J]. Journal of Informetrics，2010，4(3)：415-422.

[195] Haunschild R，Bornmann L，Marx W. Climate Change Research in View of Bibliometrics[J]. Plos One，2016，11(7)：e0160393.

[196] Leydesdorff L，Comins J A，Sorensen A A，et al. Cited references and Medical Subject Headings (MeSH) as two different knowledge representations：

clustering and mappings at the paper level[J]. Scientometrics，2016，109(3)：2077-2091.

[197] Wang N，Liang H，Jia Y，et al. Cloud computing research in the IS discipline：A citation/co-citation analysis[J]. Decision Support Systems，2016，86：35-47.

[198] Pan X，Yan E，Cui M，et al. Examining the usage，citation，and diffusion patterns of bibliometric mapping software：A comparative study of three tools[J]. Journal of Informetrics，2018，12(2)：481-493.

[199] Thor A，Marx W，Leydesdorff L，et al. Introducing CitedReferencesExplorer：A program for Reference Publication Year Spectroscopy with Cited References Standardization[J]. Journal of Informetrics，2016，10(2)：503-515.

[200] Thor A，Marx W，Leydesdorff L，et al. New features of CitedReferencesExplorer (CRExplorer)[J]. Scientometrics，2016，109(3)：2049-2051.

[201] Chau C K，Leung T M，Ng W Y. A review on Life Cycle Assessment，Life Cycle Energy Assessment and Life Cycle Carbon Emissions Assessment on buildings[J]. Applied Energy，2015，143：395-413.

[202] Santamouris，M. Cooling the cities – A review of reflective and green roof mitigation technologies to fight heat island and improve comfort in urban environments[J]. Solar Energy，2014，103：682-703.

[203] Mauro GM，Hamdy M，Vanoli GP，et al. A new methodology for investigating the cost-optimality of energy retrofitting a building category[J]. Energy and Buildings，2015，107：456-478.

[204] Hamdy M，Hasan A，Siren K. A multi-stage optimization method for cost-optimal and nearly-zero-energy building solutions in line with the EPBD-recast 2010[J]. Energy and Buildings，2013，56：189-203.

[205] Rijal HB，Tuohy P，Humphreys MA，et al. Using results from field surveys to predict the effect of open windows on thermal comfort and energy use in buildings[J]. Energy and Buildings，2007，39(7)：823-836.

[206] Ascione F，Bianco N，De Masi R F，et al. Energy refurbishment of existing buildings through the use of phase change materials：Energy savings and indoor comfort in the cooling season[J]. Applied Energy，2014，113：990-1007.

[207] Kleinberg RG. Bursty and hierarchical structure in streams[J]. Data Mining and Knowledge Discovery，2003，7(4)：373-397.
[208] 王梦婷. 基于突变检测的主题突变分析研究[J]. 情报科学，2016(12)：38-41.
[209] Callon M，Law J，Rip A. Mapping the Dynamics of Science and Technology：Sociology of Science in the Real World[M]. The Macmillan Press，1986.
[210] 白如江，冷伏海，廖君华. 科学研究前沿探测主要方法比较与发展趋势研究[J]. 情报理论与实践，2017(5)：37-42.
[211] Wei GY. A bibliometric analysis of the top five economics journals during 2012-2016[J]. Journal of Economic Surveys，2018，33(1)：25-59.
[212] Carlos Olmeda-Gómez，Ovalle-Perandones M A，Antonio Perianes-Rodríguez. Co-word analysis and thematic landscapes in Spanish information science literature，1985–2014[J]. Scientometrics，2017，113(6)：195-217.
[213] Song J，Zhang H，Dong W. A review of emerging trends in global PPP research：analysis and visualization[J]. Scientometrics，2016，107(3)：1111-1147.
[214] Oh K Y，Lee M J. Research Trend Analysis of Geospatial Information in South Korea Using Text-Mining Technology[J]. Journal of Sensors，2017：1-15.
[215] Zhang Q R，Li Y，Liu J S，et al. A dynamic co-word network-related approach on the evolution of China's urbanization research[J]. Scientometrics，2017，111(3)：1623-1642.
[216] Kim SK，Oh Y，Nam S. Research trends in Korean medicine based on temporal and network analysis[J]. BMC Complementary and Alternative Medicine，2019，19(160)，DOI：10.1186/s12906-019-2562-0.
[217] Romero L，Portillo-Salido. Trends in Sigma-1 Receptor Research：A 25-Year Bibliometric Analysis[J]. Frontiers in Pharmacology，2019，10(564)，DOI：10.3389/fphar.2019.00564.
[218] Li WJ，Dong H，Yu H，et al. Global characteristics and trends of research on ceramic membranes from 1998 to 2016：Based on bibliometric analysis combined with information visualization analysis[J]. Ceramics International，2018，6(44)：6926-6934.
[219] 王若佳. 融合百度指数的流感预测机理与实证研究[J]. 情报学报，2018，

v.37(2)：90-103.

[220] 宫雪，崔雷. 基于医学主题词共现网络的链接预测研究[J]. 情报杂志，2018.

[221] 刘自强，王效岳，白如江. 基于时间序列模型的研究热点分析预测方法研究[J]. 情报理论与实践，2016，39(5)：27-33.

[222] Zhao W，Mao J，Lu K. Ranking themes on co-word networks：Exploring the relationships among different metrics[J]. Information Processing & Management，2018，54(2)：203-218.

[223] Mistele T，Price T，Hossenfelder S. Predicting authors' citation counts and h-indices with a neural network[J]. Scientometrics，2019，120(1)：87-104.

[224] Wang MY，Wang ZY，Chen GS. Which can better predict the future success of articles? Bibliometric indices or alternative metrics[J]. Scientometrics，2019，119(3)：1575-1595.

[225] Wang FH，Fan Y，Zeng A，et al. Can we predict ESI highly cited publications?[J]. Scientometrics，2018，118(1)：109-125.

[226] Jang W，Kwon H，Park Y，et al. Predicting the degree of interdisciplinarity in academic fields：the case of nanotechnology[J]. Scientometrics，2018，116(1)：231-254.

[227] 赵敏，赵蓉英，许丽敏. 国际视野下食品检测研究热点及前沿的可视化分析[J]. 食品工业，2011(2)：85-90.

[228] 彭伟. 基于时间序列神经网络的鲜切花价格指数短期预测[J]. 计算机与现代化，2019，285(5)：105-111.